魅せる！同人誌のデザイン講座

齋藤 渉
(chipco design)

Before-Afterでわかる
試したくなるアイデア&テクニック

技術評論社

Visual Index

ちょっとした手間でガラッと印象を変えたい……！

- 「見せたい文字を大きくしてアピールする」 ➡24ページ
- 「英文タイトルを飾りにしてかっこよさを演出する」 ➡62ページ
- 「色数を減らした塗りでおしゃれ感を出す」 ➡74ページ
- 「イラストや文字をループさせてありきたりさをなくす」 ➡86ページ

etc.

フォント使いや文字組みが上手くなりたい……！

- 「正しいフォントを選んで物語を伝える」 ➡36ページ
- 「タイトルに動きをつけて賑やかさを出す」 ➡44ページ
- 「手書き文字をロゴにしてドラマチックな雰囲気を出す」 ➡78ページ
- 「本文の項目を載せて情報量を増やす」 ➡108ページ

etc.

色の使い方を
もっと知りたい……！

- 「色をCMYKの数値で考え色味を統一する」 ➡ 28ページ
- 「絵の色を変えてデザインにまとまりを出す」 ➡ 32ページ
- 「ぼかしやグラデーションでアダルトな雰囲気を出す」 ➡ 70ページ
- 「色味や撮り方で食べ物をおいしそうに見せる」 ➡ 112ページ

etc.

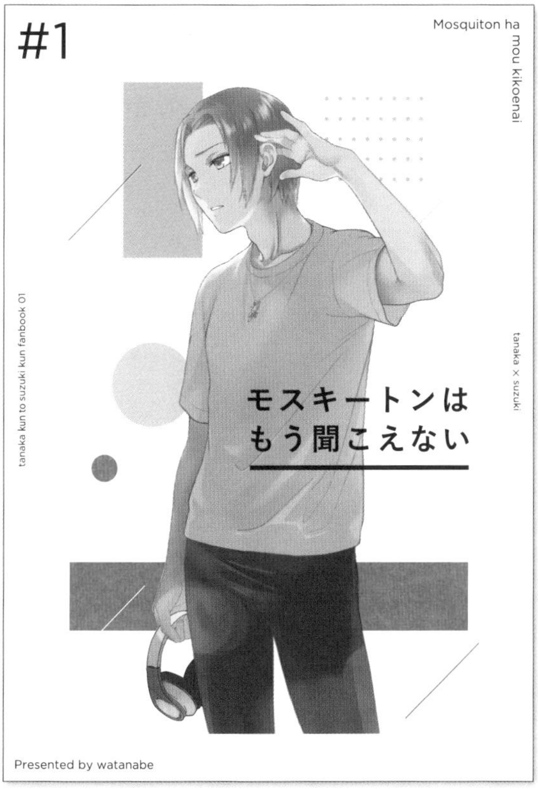

レイアウトや素材を
工夫したい……！

- 「文字を外枠に配置してスタイリッシュに見せる」 ➡ 40ページ
- 「余白を意識して高級感を出す」 ➡ 48ページ
- 「ぼかしや枠を使って画面に奥行きを出す」 ➡ 52ページ
- 「情報にメリハリをつけて雑誌の表紙のようにする」 ➡ 116ページ

etc.

Visual Index

文字ばっかの本でも格好良く見せたい……！

- 「フォントだけで小説本の表紙を作る」 ➡96ページ
- 「簡単な図形を組み合わせて表紙を作る」 ➡100ページ
- 「余白のバランスをとって文章を読みやすくする」 ➡122ページ

etc.

本以外のアイテムもこだわりたい……！

- 「情報に優先順位をつけてお品書きをレイアウトする」 ➡144ページ
- 「情報を最低限にして遠くまで目立つポスターを作る」 ➡148ページ
- 「余白を活かしてきれいな名刺を作る」 ➡156ページ

etc.

はじめに

同人活動は原稿からイベントの参加まですべて自分ひとりでできるのが楽しさのひとつです。
ですが原稿以外にやることが多く、手間がかかるのも事実です。
その中のひとつにデザインがあります。

最近は同人誌のデザインも表現手法のひとつとして見られるようになってきました。
デザインにはイラストの魅力を引き立てたり、表紙を目立たせたり、お品書きを見やすくしたり、さまざまな役割があります。
ですが、漫画や小説を作ることとは違う技術が必要なため、思うようにデザインができないという同人作家さんも多いかと思います。

そんな同人作家さんのために、この本ではデザインの基本から、アイデアやテクニックなどを詰め込みました。
Before-After形式でデザインのポイントをわかりやすく解説しています。

漫画本や小説本の表紙、本文ページ、おしながき、ポスターなど同人活動に必要な作例がたくさんありデザインのヒントになる本を目指しました。
デザインをこだわることによって、新刊がお気に入りの一冊となり、楽しい同人活動の一助になればとても嬉しく思います。

CONTENTS

はじめに …… 5

目次 …… 6

本書の使い方 …… 10

第1章　デザインの基本をまなぼう …… 11

1-1 ▸ デザインに必要な道具 …… 12

1-2 ▸ デザインの考え方と進め方 …… 14

1-3 ▸ フリーフォントを利用する …… 16

1-4 ▸ 文字詰めの基本 …… 18

1-5 ▸ タイトルロゴを作る …… 20

Column ▸ おすすめフリーフォントサイト …… 22

第2章　今すぐできる表紙のアイデア&テクニック …… 23

2-1 ▸ 見せたい文字を大きくしてアピールする …… 24

2-2 ▸ 色をCMYKの数値で考え色味を統一する …… 28

2-3 ▸ 絵の色を変えてデザインにまとまりを出す …… 32

2-4 ▸ 正しいフォントを選んで物語を伝える …… 36

2-5 ▸ 文字を外枠に配置してスタイリッシュに見せる …… 40

2-6 ▸ タイトルに動きをつけて賑やかさを出す …… 44

2-7 ▸ 余白を意識して高級感を出す …… 48

2-8 ▸ ぼかしや枠を使って画面に奥行きを出す …… 52

2-9 ▸ 背景の素材を自作してまとまりを出す …… 56

Column ▸ 使ってはいけないモチーフ …… 60

第3章　もっとこだわる表紙のアイデア&テクニック……61

3-1 ▸ 英文タイトルを飾りにしてかっこよさを演出する……62
3-2 ▸ ガーリーなパーツでかわいく見せる……66
3-3 ▸ ぼかしやグラデーションでアダルトな雰囲気を出す……70
3-4 ▸ 色数を減らした塗りでおしゃれ感を出す……74
3-5 ▸ 手書き文字をロゴにしてドラマチックな雰囲気を出す……78
3-6 ▸ 文字に装飾をつけてゴシック風にする……82
3-7 ▸ イラストや文字をループさせてありきたりさをなくす……86
3-8 ▸ ネオン風のエフェクトで夜の雰囲気を出す……90

第4章　イラストいらずのアイデア&テクニック……95

4-1 ▸ フォントだけで小説本の表紙を作る……96
4-2 ▸ 簡単な図形を組み合わせて表紙を作る……100
4-3 ▸ 写真を加工してイラスト風にする……104
4-4 ▸ 本文の項目を載せて情報量を増やす……108
4-5 ▸ 色味や撮り方で食べ物をおいしそうに見せる……112
4-6 ▸ 情報にメリハリをつけて雑誌の表紙のようにする……116
Column ▸ 配色お役立ちサイト……120

第5章　紙面デザインのアイデア&テクニック……121

5-1 ▸ 余白のバランスをとって文章を読みやすくする……122
5-2 ▸ 見出しに飾りを入れて目をひく紙面にする……126
5-3 ▸ ガイドでグリッド状に情報を整理する……130
5-4 ▸ レイアウトを変化させて食べ物の魅力を伝える……134
5-5 ▸ 写真を整理して読みやすくする……138
Column ▸ 明朝体の比較……142

第6章　サークル情報のアイデア&テクニック …… 143

6-1 ▸ 情報に優先順位をつけてお品書きをレイアウトする …… 144
6-2 ▸ 情報を最低限にして遠くまで目立つポスターを作る …… 148
6-3 ▸ シンボルマークとサークル名を整理してロゴを作る …… 152
6-4 ▸ 余白を活かしてきれいな名刺を作る …… 156
6-5 ▸ 情報を簡潔にして宣伝効果のある帯を作る …… 160
Column ▸ 同人誌を宣伝しよう …… 164

第7章　印刷と入稿の基本をまなぼう …… 165

7-1 ▸ 同人誌印刷とは？ …… 166
7-2 ▸ オフセット印刷とオンデマンド印刷 …… 167
7-3 ▸ 印刷の費用とスケジュール …… 168
7-4 ▸ 用紙サイズ …… 170
7-5 ▸ トンボとタチキリ …… 171
7-6 ▸ 解像度 …… 172
7-7 ▸ CMYKとRGB …… 173
7-8 ▸ 入稿データのチェックポイント …… 174
7-9 ▸ 特殊紙の種類 …… 176

第8章　特殊印刷についてまなぼう …… 177

8-1 ▸ 箔押し …… 178
8-2 ▸ 特色 …… 179
8-3 ▸ PP加工（グロスマット） …… 180
8-4 ▸ エンボス加工／トムソン加工／角丸加工 …… 181
8-5 ▸ 表2・3印刷／遊び紙 …… 183

印刷所から見た同人誌のデザイン〜サンライズ・中村代表インタビュー …… 184
索引 …… 188

免 責

・本書に記載された内容は、情報の提供のみを目的としています。本書を用いた運用は、必ずお客様自身の判断・責任において行ってください。

・ソフトウェアに関する記述は、特に断りのない限り、2021年4月現在の最新バージョンに基づいています。ソフトウェアのバージョンによっては、本書の説明とは機能・内容が異なる場合がございますので、ご注意ください。

以上の注意事項をご承諾していただいたうえで、本書をご利用ください。これらの注意事項に関わる理由に基づく返金・返本等のあらゆる対処を、技術評論社および著者は行いません。あらかじめご了承ください。

本書の使い方

左ページに改善前の作例が掲載されています。

右ページに改善後の作例が掲載されています。

改善できそうな箇所と改善案を例示しています。

重要なポイントを解説しています。

Photoshopを使って作例を改善する過程を一部解説しています。

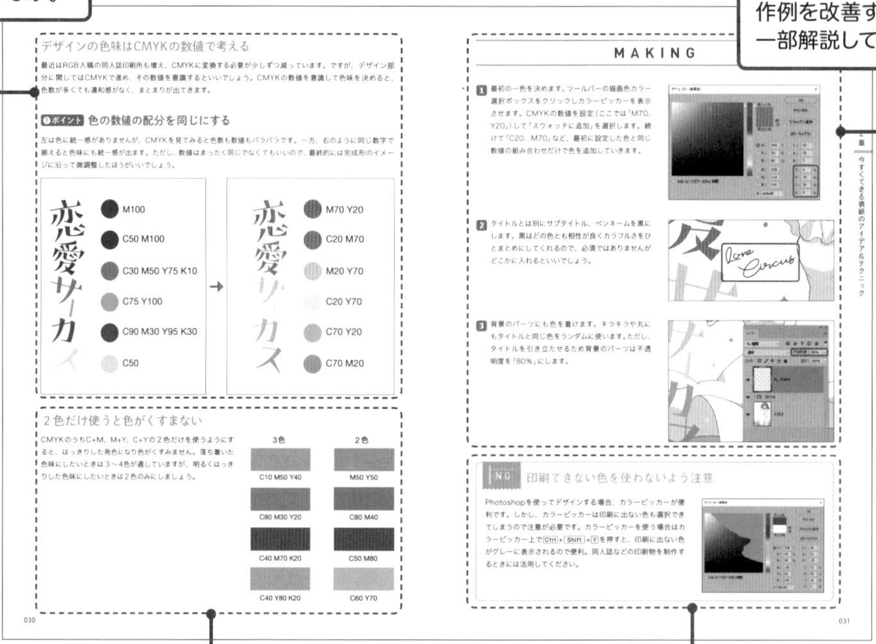

補足や応用例を解説しています。

知っていると得するTipsなどを「MEMO」、やってはいけない失敗のもとを「NG」として解説しています。

第1章

デザインの基本をまなぼう

1 デザインに必要な道具

同人誌のデザインのための道具はプロユースで揃える必要はなく、漫画や小説の原稿をしているパソコンがあれば、あとはフリーソフトやフリーフォントで代用することも可能です。ここではおすすめの道具を紹介していきますが、すべて必須ではないので、その都度必要になったら購入を検討してみましょう。

パソコン

デザイン＝Macと言われがちですが、最近ではフォントやデータがWindowsでも対応しているため、使いやすい方で問題ありません。コストパフォーマンスを優先する場合はWindowsのデスクトップパソコンがおすすめです。メモリは最低8GB（ギガバイト）、できれば16GBあれば快適に制作が可能です。

グラフィックソフト

グラフィックデザインとDTPのソフトはAdobeのIllustrator、Photoshop、InDesignが大きなシェアを占めています。ただし、最新版はソフトの買い切りがなくサブスクリプション（定額制）で決して安くはないため、使用頻度によって検討しましょう。

•Adobe Illustrator

テキストの編集やレイアウトに最適なツール。ベクターデータで作られるため、何度も拡大縮小しても画像が劣化しません。同人誌では主にタイトルロゴのデザイン、レイアウト、本文ページのレイアウトや文字組みに使用します。

•Adobe Photoshop

イラストや写真の加工、編集に最適なツール。Illustratorにはできない複雑な加工ができますが、ビットマップ形式のため拡大すると画像が劣化する。同人誌では主にイラストの塗り、色補正、画像加工、タイトルロゴのデザインに使用します。

フォント

最近の有料フォントはサブスクリプションが主流となっています。普段からデザインをしない方にとっては割高ですが、有料フォントを使うとぐっとクオリティが上がり表現手法も増えてきます。まずは廉価版のmojimoでフォントの素晴らしさに触れてみてください。

・モリサワパスポート

モリサワによる全1000書体以上収録の年間定額制フォントサービス。高い可読性と視認性、文字の並びの美しさはトップクラス。プロに近い仕上がりにしたい方にはおすすめです。種類が多いため、似たような明朝体やゴシック体でも差をつけられます。

URL：https://www.morisawa.co.jp/products/fonts/passport/

・LETS

フォントワークスによる年間定額制フォントサービス。スタンダードなものからキャッチーなデザインまで幅広く揃っていて、アニメや漫画でもよく使われます。デザイン性の強い筑紫書体シリーズも魅力的。学生向きのプランも用意されています。

URL：https://lets-site.jp/

・mojimo

フォントワークスによるLETSの廉価版。フォントパックが多数用意されており、どれも手の届きやすい価格となっています。収録されている書体は少ないものの、手軽に使えるため、あまりデザインをしない方にもおすすめ。

URL：https://mojimo.jp/

用紙見本

本文用紙、表紙用の紙、遊び紙など、同人誌の紙を決める際に必要になってくる用紙見本。同人誌印刷の場合、印刷所のホームページから無料で請求できることが多い。

2 デザインの考え方と進め方

同人誌のデザインを「何となくかっこよくしたい」というような雰囲気や感覚だけで進めるのは良くありません。イラストを描く前に、新刊の内容を明確にしたうえで、表紙の見せ方の「目的」を考えておくと、後々迷いが少なく制作することができます。

1.新刊の内容を明確にする

まずは新刊がどんな内容なのか、5W1H(いつ、どこで、だれが、何を、なぜ、どのように)を明確にします。例えば「卒業式、屋上、女子高生、告白、三年間片思い、泣きながら」だとしたら、その内容に合わせて、「キャラクターは制服姿」「背景はなくてOK」……という風に、表紙をどうするか考えてみます。5W1Hのすべてを取り入れなくてもOKですが、できるだけ意識しましょう。

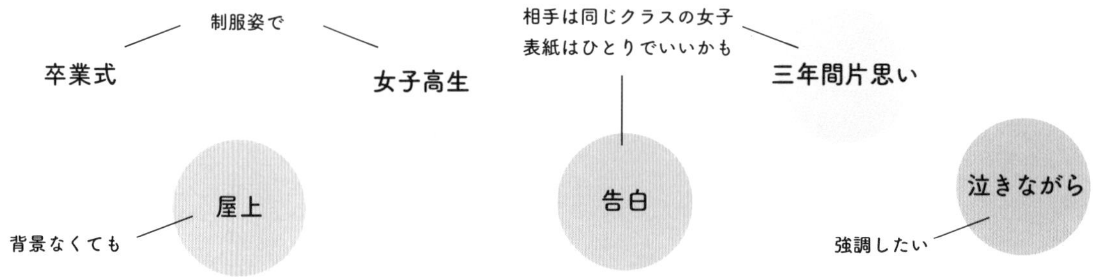

2.表紙の目的を明確にする

より多くの人に見てもらいたい、カップリングを重視したい……など、目的をはっきりさせます。目的がないとゴール(完成)まで長く迷いが生まれてしまいます。目的はひとつに絞らなくてもいいですが、多すぎると余計悩んでしまうので、ある程度は絞りましょう。合同誌の場合は、後からトラブルになるのを防ぐため、すり合わせをして共有しておくといいでしょう。

目的　ぱっと目を惹かせたい、装丁に凝って高級感を出したい

目的が決まっているとデザインも決まりやすい

3.表紙のラフを描く

1～2をふまえて表紙のラフを数点描いてみます。落書き程度で構わないので、自分の考えを書き出します。後々デザインをこうしたいとか装丁のアイデアなどを書いてみても。アイデアを書くことにより少しずつ方向性を固めていきます。その後、数点描いたラフの中からいちばん本の内容を表現できているものを採用します。迷ったときは複数の人に聞いてみて多数決をとるのもいいでしょう。

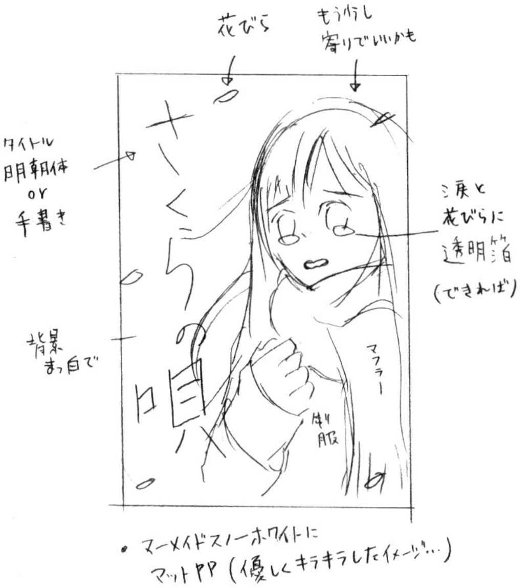

4.表紙絵を描きデザインをする

採用したラフを元にしてイラストを描き、デザインをします。ここからもまだまだ悩みますが、内容とイラストとデザインがつながるように心がけます。たとえば、イラストの人物が泣いているのにタイトルのフォントがかわいいデザインフォントだと、内容やイラストにつながりません。

3 フリーフォントを利用する

デザインにフォントは欠かせません。有名なフォントは有料のものが少なくないですが、すべてフリーフォントだけで同人誌を制作することも可能です。一方で、フリーフォントはたくさんあるので何を選べばいいか迷ってしまいます。そこで、ここではこれを押さえておけばデザインが良くなるというフォントを紹介していきます。

有名なフォントに似たフォント

Helvetica、Trajanなど、クオリティが高いフォントに似たフリーフォントを使えばデザインの見栄えが良くなります。大きく使っても長文に使っても映えるため、迷ったらまずはこれらをダウンロードしておきましょう。

有料フォント		フリーフォント
Helvetica	→	Lato
DIN	→	BEBAS NEUE
Garamond	→	Cormorant
TRAJAN	→	CINZEL
ヒラギノ角ゴ	→	源ノ角ゴシック

MEMO フリーフォントの利用規約に注意

今回紹介したフォントはすべて同人誌（個人利用）OKですが、アダルトNGや少部数のみOKのフォントも存在します。必ずライセンスを確認してから使用してください。

可読性の良いフォント

次にダウンロードをオススメしたいのが可読性の良いフリーフォントです。できるだけ読みやすいフォントを使うことにより、フリーフォント感がぐっと減ります。

しっぽり明朝

AdobeとGoogleが共同開発した源ノ明朝を改変しているため読みやすい。

はんなり明朝

ふんわりとした印象で上品さや落ち着きもあり読みやすい。

まるがめ本丸ゴシックmini

手書き感のあるクセのない丸ゴシック体。普通のゴシックよりおしゃれ感が出ます。

kawaii 手書き文字

手書きのペン字をフォント化。手書き風ですがきれいで読みやすく、かわいさもあります。

Nunito

かわいい系に使いやすいラウンド（角丸）フォント。かわいくもあり洗練されてもいます。

Buffalo Script

シンプルでセンスよく見えるスクリプトフォントは重宝します。ぜひ持っておきましょう。

ロゴに使えるフォント

最後はタイトルやロゴ向けのフリーフォントです。可読性があまりよくないため、長文や小さい文字には不向きですが、タイトルなどを大きく使うときにはとても映えてきます。

キルゴU

ある有名漫画のタイトルロゴにインスパイアされたフォント。太さがあり漢字も使えるので便利。

POTRA

二重線が特徴のフォントで、かっこいい印象を与えられる。ネオン風に加工してみても。

ぽーら

手描きをもとにしたフォント。少しラフな仕上がりが特徴。かわいさを強調したいときにおすすめ。

Prince of Java

文字に装飾がついているので、加工なしでそのまま使いやすいフォント。

プイッコ

太めで丸みを帯びているフォント。親しみやすさを表現したいときに使えます。

からかぜ

手書き風のフォント。おしゃれ感を出したいときにばっちりハマります。

4 文字詰めの基本

デザインをする際に重要になってくるのが文字の使い方です。文字の使い方にはいろんな方法がありますが、まずは文字詰めの基本を取り入れると、画面が引き締まりデザインやフォントがぐっとプロっぽくなります。難しくはないのでぜひとも覚えてほしい、基本にして最重要の作業です。

文字打ちをしたあとに文字の隙間を均一にする

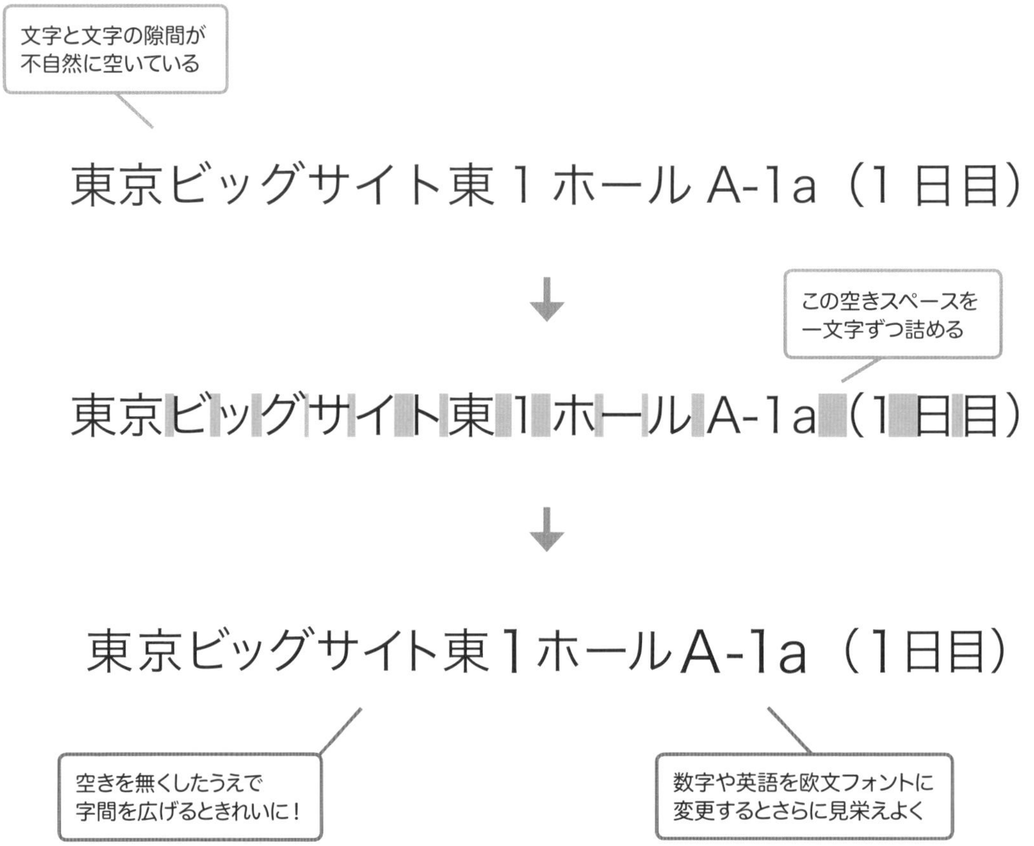

一番上の例文はヒラギノ角ゴをそのまま文字打ちしただけの状態です。この状態を「ベタ打ち」と言い、このままでも文字は読めますが、よく見ると文字のあいだが均一になっていません。具体的には数字とカタカナの間や「ビッグサイト」の部分が特に隙間が広すぎてスカスカな印象を生んでいます。これを下のようにするためには、隙間を一文字ずつ詰めていくことが必要です。

Photoshopで文字詰めを行う

字間を調節したい部分に合わせ、Alt（Macはoption）を押しながら矢印キーの左右で数字を調整します。右図のカーニング部分の数字を変更しても可能。具体的にこの数字にするという決まりはないので、感覚や経験が必要になりますが、ベタ打ちしないだけで文字の見栄えが大分変ります。デザインの度に意識しましょう。

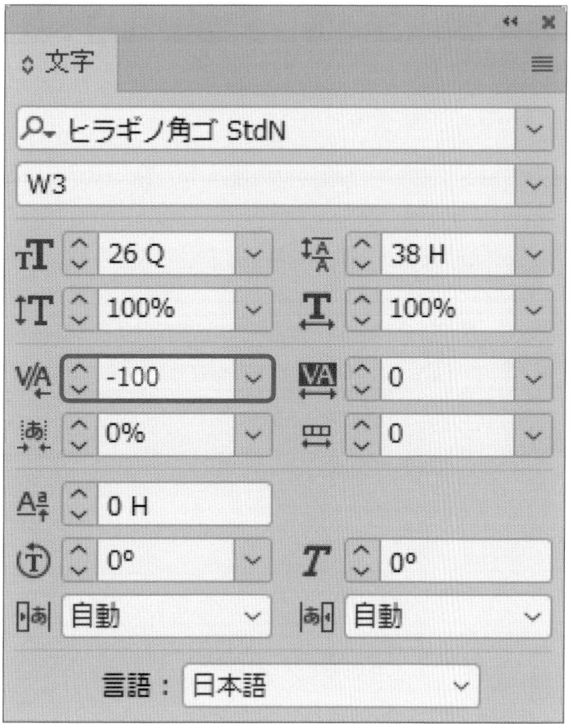

ロゴにも文字詰めは必要

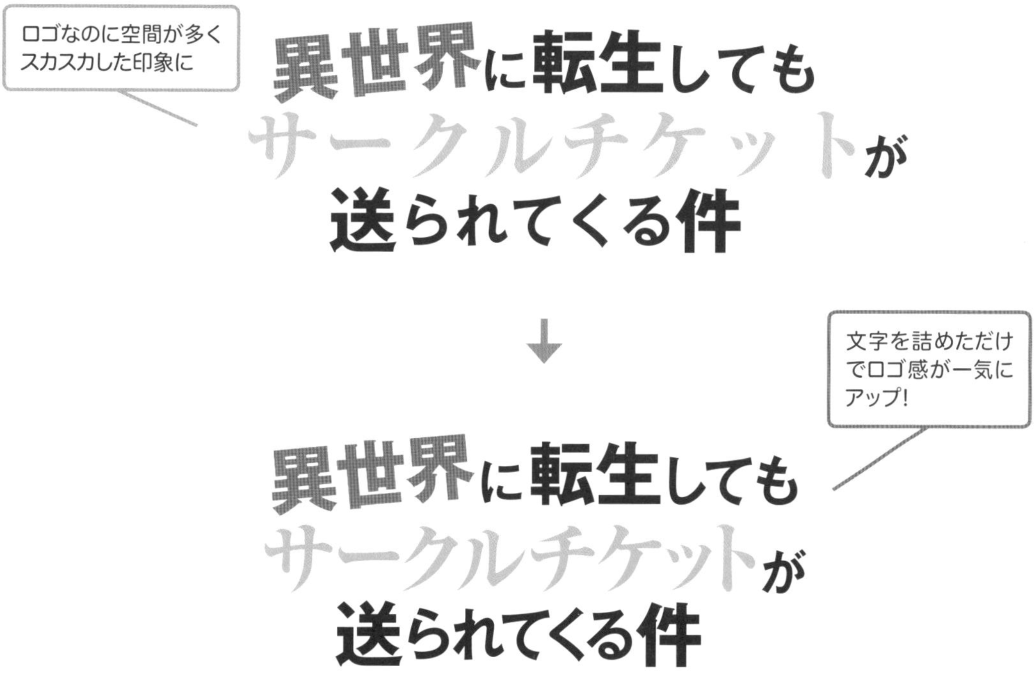

上のロゴは、色を変えたり文字の大きさを変えたりしていますが、ベタ打ちだとスカスカに見えてしまっています。しかし、同じフォントでも下のロゴのように一文字ずつ調整することによって、ロゴっぽさを出せます。このように、文字を使うデザインならロゴも名刺もポスターも、すべてのデザインに文字詰めは必須の作業となります。

5 タイトルロゴを作る

表紙にはタイトルロゴが絶対に必要です。タイトルは文字を加工しすぎない方がいい場合もあり、一概にこうした方がいいとは言えませんが、ここでは簡単にロゴっぽく見せる方法を解説します。すべての項目が必須ではないので不要だと思った箇所はスキップして制作してください。

タイトルロゴの作成ステップ

1 タイトルを文字打ちします。一文字ずつに分けておくと後ほど加工がしやすくなります。

深夜 2 時、ブラック企業で
オフィスラブ

2 文字を詰めます。数字、読点、カタカナは隙間ができやすいので注意。

深夜2時、ブラック企業で
オフィスラブ

3 文字の大きさに差をつけます。目立たせたい単語は大きく、そうでない単語は小さくします。

深夜2時、ブラック企業で
オフィスラブ

4 フォントを変更して変化を出します。目立たせたい単語はやや太めにします。ゴシック体などを混ぜてみてもいいでしょう。ただし、変更しすぎると統一感がなくなるので注意しましょう。

深夜2時、ブラック企業で
オフィスラブ

5 文字に動きを出します。文字を傾けてみたり、一文字ずつ上下にずらしてみたりします。やりすぎると可読性が悪くなるので動かしすぎには注意します。

深夜2時、ブラック企業で
オフィスラブ

6 英文表記を小さく入れます。もし変に余白ができてしまった場合、その余白部分に配置すると全体の収まりがよくなります。

7 あしらいを入れます。できるだけタイトルに関連するものを入れましょう。ただし、あまり過剰なあしらいを入れると文字の邪魔になるので、文字を最優先します。

8 色を入れます。単語ごとに色を変えてみたり、強調したい部分を目立つ色にしてみたりするとメリハリが出ます。また色の濃度が同じくらいだと統一感が出ます。

9 さらに目立たせたいときは先にフチドリを入れてから、フチドリにぼかしを入れます。

NG まずはまとまりを意識する

ロゴはデザインの見せ場でもあるのでついフォントやあしらいや色を盛ってしまいたくなります。しかし、盛りすぎるとデザインの整合性が取りにくくなり、まとまりのないロゴになってしまいます。慣れないうちはフォント、あしらい、色をそれぞれ1～2種類に留めてまとまりを意識しましょう。

COLUMN 01

おすすめフリーフォントサイト

フリーフォントはインターネットから入手できますが、無数にあるフリーフォントを用途に合わせて探すのはなかなか大変です。そこで便利なのが、フリーフォントを紹介するサイトです。いくつか取り上げますので、フォント探しの参考にしてください。

Google Fonts

Googleが提供しているWebフォントサービス。ダウンロードして印刷物に使用することも可能。

同人 ○

商用 ○

https://fonts.google.com/

フロップデザイン

有名フリーフォントサイト。日本語がメインのためとても重宝します。また、ポップでかわいいものが多く、同人誌ととても相性が良い。なお使い方によっては購入が必要となります。

同人 ○（少部数）

商用 ×（購入すれば○）

https://www.flopdesign.com/

フォントダス

商用利用可能のフリーフォントの紹介サイト。手書き風、POPなどカテゴリ別に探すことができて便利。また、しっぽり明朝など独自にフリーフォントも制作し配布しています。

同人 ○

商用 ○

https://fontdasu.com/

Font Squirrel

商用利用OKのフォントだけを集めたサイト。手作業でピックアップして掲載しているとのこと。海外のサイトですが、カテゴリ別になっているのでとても探しやすい。

同人 ○

商用 ○

https://www.fontsquirrel.com/

第2章

今すぐできる表紙のアイデア＆テクニック

1 見せたい文字を大きくしてアピールする

BEFORE

メガネ好きの人に見てほしいので
もうちょっと目立たせたい…

AFTER

目立たせたい文字を大きくするとインパクトが！

目立たせたい箇所を大きくしてインパクトを与える

読者にインパクトを与える最も簡単な手段は、「大きく見せる」ことと「目立つ色を使う」ことです。デザインに慣れないうちは文字を大きく使うことに抵抗があるかもしれませんが、タイトルのためのスペースさえあれば比較的簡単にできるテクニックです。

❶ポイント 強調したい文字だけ大きくする

サンプルの本で主張したいのは「メガネ女子」です。そこがよく伝わるように「メガネ」だけを大きくします。さらに、その他の文字をやや小さめにすると大きい文字がさらに強調されます。また、「メガネ」だけを少しはみ出させると、より強い印象を与えられます。

→

人物に文字がかかるくらい大きくてもOK

一部分の単語だけでなく、すべての文字を大きくする手もあります。その際、人物に文字がかかってしまいますが、気にせずに配置してみましょう。ただし、絶対に見せたい箇所や顔に文字がかかるのはできるだけ避けます。また、文字ばっかりだと圧迫感もあるため、行間を開けるなどして隙間も作るといいでしょう。

MAKING

1 タイトルを「私の」「メガネは」「どこですか？」にそれぞれ分けます。「メガネは」だけを大きくし、残りを小さめにします。そのまま大きくするとキツキツな印象になるので、ある程度字間を開けます。

2 英文タイトルも3つに分けて配置し、やや大きくします。ただし、大きすぎるとタイトルの邪魔になるので注意。また、**1**と同様に字間を開けます。

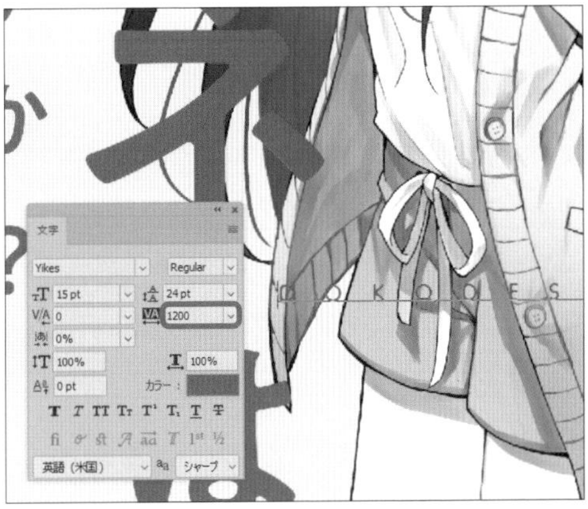

3 背景の色を濃いめのピンクに変更。今回は人物が全体的に青っぽく、対になる色の赤系にすると目立つためピンクに。もし人物が赤系ならばその逆で背景は青系にすると目立ちます。

4 タイトルの色を変更します。背景の濃いめのピンクに合う色の候補をいくつかパターン出しします。今回はインパクトを与えるのが目的のため目立つ黄色にして、そこまで目立たせる必要のない英文表記は差別化のため白にします。

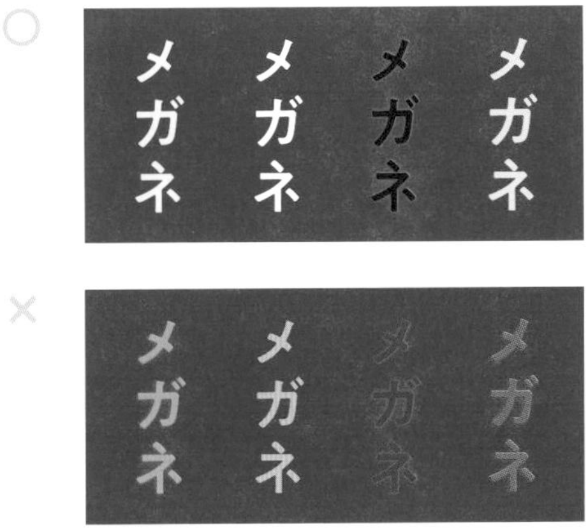

2 色をCMYKの数値で考え色味を統一する

BEFORE

色を多く使ってカラフルにしたいけど
統一感がない…

AFTER

CMYKの数値を合わせれば色味にまとまりが！

デザインの色味はCMYKの数値で考える

最近はRGB入稿の同人誌印刷所も増え、CMYKに変換する必要が少しずつ減っています。ですが、デザイン部分に関してはCMYKで進め、その数値を意識するといいでしょう。CMYKの数値を意識して色味を決めると、色数が多くても違和感がなく、まとまりが出てきます。

ポイント 色の数値の配分を同じにする

左は色に統一感がありませんが、CMYKを見てみると色数も数値もバラバラです。一方、右のように同じ数字で揃えると色味にも統一感が出ます。ただし、数値はまったく同じでなくてもいいので、最終的には完成形のイメージに沿って微調整したほうがいいでしょう。

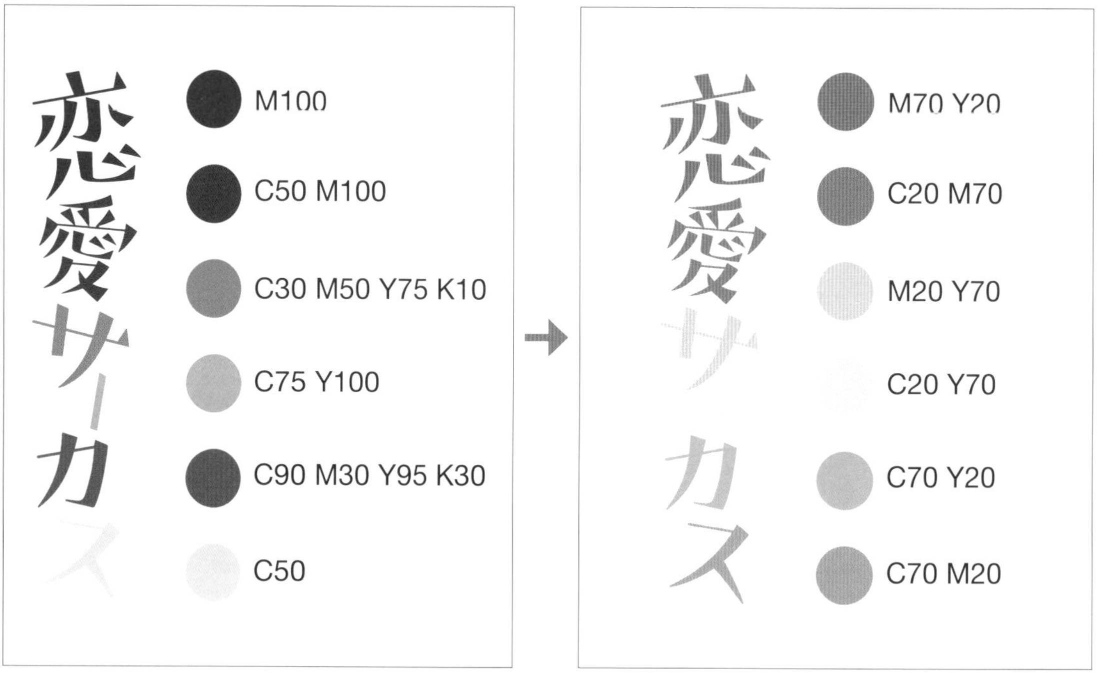

2色だけ使うと色がくすまない

CMYKのうちC+M、M+Y、C+Yの2色だけを使うようにすると、はっきりした発色になり色がくすみません。落ち着いた色味にしたいときは3～4色が適していますが、明るくはっきりした色味にしたいときは2色のみにしましょう。

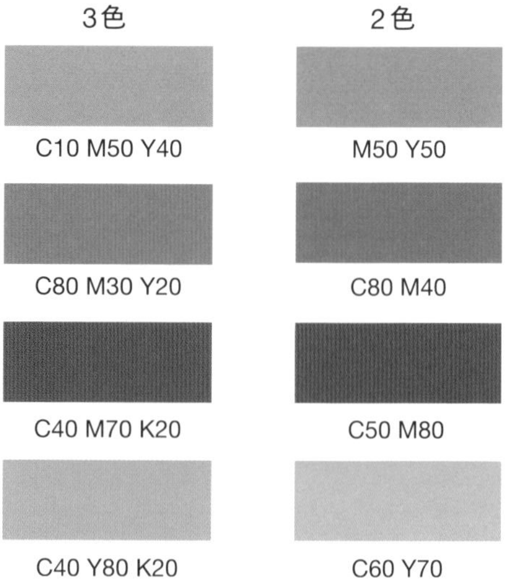

MAKING

1 最初の一色を決めます。ツールバーの描画色カラー選択ボックスをクリックしカラーピッカーを表示させます。CMYKの数値を設定(ここでは「M70、Y20」)して「スウォッチに追加」を選択します。続けて「C20、M70」など、最初に設定した色と同じ数値の組み合わせだけで色を追加していきます。

2 タイトルとは別にサブタイトル、ペンネームを黒にします。黒はどの色とも相性が良くカラフルさをひとまとめにしてくれるので、必須ではありませんがどこかに入れるといいでしょう。

3 背景のパーツにも色を着けます。キラキラや丸にもタイトルと同じ色をランダムに使います。ただし、タイトルを引き立たせるため背景のパーツは不透明度を「80%」にします。

NG 印刷できない色を使わないよう注意

Photoshopを使ってデザインする場合、カラーピッカーが便利です。しかし、カラーピッカーは印刷に出ない色も選択できてしまうので注意が必要です。カラーピッカーを使う場合はカラーピッカー上で Ctrl + Shift + Y を押すと、印刷に出ない色がグレーに表示されるので便利。同人誌などの印刷物を制作するときには活用してください。

3 絵の色を変えてデザインにまとまりを出す

BEFORE

絵がたくさんあるせいか
何かごちゃごちゃしちゃう…

AFTER

色が変わっただけで全体的にまとまった印象に！

表紙の情報量が多いときは色味に統一感を持たせる

イラストの情報量が多くなると、イラストとタイトルロゴがごちゃごちゃしてしっくり来ない……と悩んでしまいます。その解決方法のひとつとして、完成したイラストの色を変更して統一感を出すという手法があります。

❗ポイント 完成したイラストの色をさらに変更する

完成したイラストの色味をそれぞれ似た色に変更すると、統一感が出てまとまりを出すのに効果的です。今回はタイトルの色であるピンクと青に合わせて、イラスト全体の色味を変更します。

ときには思い切って実物と違う色にする

髪の毛は茶色、パソコンは市販のものと同じ黒……というように実際によくある色をそのまま使うのではなく、実物と違う色にしてもOK。黒いパソコンを青にしてもいいし、物語に支障がなければ人物の髪の色も変えてもいいでしょう。デザインに合わせてイラストを考えるのが大事です。

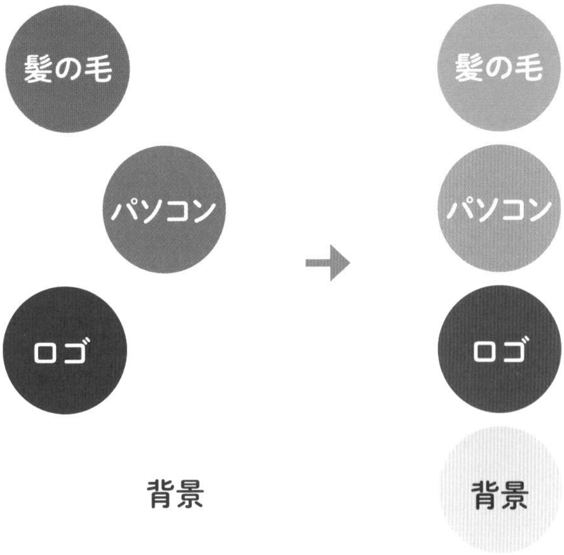

MAKING

1 イラストの色味を変更します。変更したい色の部分を選択し、レイヤーの◑マークから「色相・彩度」を選びます。色相、彩度、明度の数値を変更し、色を変更します。

2 女性のパソコンと男性のスマホを同じ色にしたいので「色彩の統一」にチェックを入れ、それぞれ色相、彩度、明度の数値を同じにします。

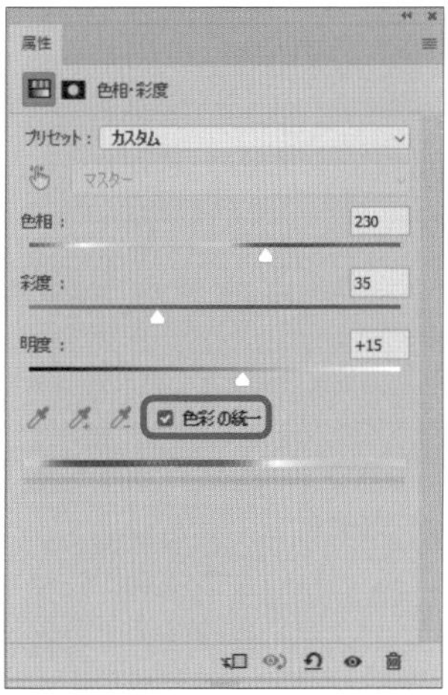

3 その他の小物の色もできるだけ赤系、青系に変えてまとまりを出します。

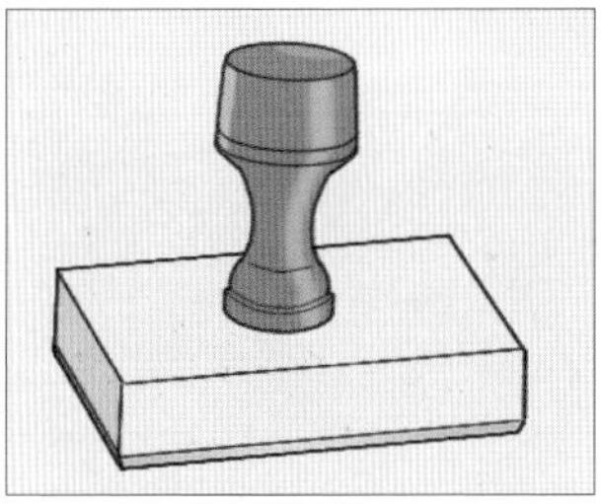

MEMO 色味は大体同じならOK

ここでは「色相・彩度」の数値を変更して色を変更していますが、数値は見た目で決めて構いません。赤系なら赤系、青系なら青系と全体的に何となくまとまりのある色になれば問題ありません。これが正解とか不正解とか決めつけず、自由に色を変えてみましょう。

4 正しいフォントを選んで物語を伝える

BEFORE

デザインフォントを使ってみたけど
うまく使いこなせない…

AFTER

どう見せたいのか考えて
フォントで作品を表現する！

フォントが持つ印象を考えながら選ぶ

フォント選びはわかりやすい正解がないためとても難しいですが、作品の内容やイラストに対して違和感がないように選ぶ必要があります。そのためにはフォントの持つ役割と、作品の見せ方を深く考えて最適なフォントを導きましょう。

❗ポイント 作品をどう見せたいのかを深堀りする

漠然とした「ああしたい、こうしたい」ではフォント選びはまとまりません。作品をどう見せたいのかを深堀りし、たどり着いた目的に合わせてフォントを探しましょう。お気に入りだからという理由でフォントを選ぶのもダメではありませんが、往々にして何となくで選んだ感じが見えてしまいます。

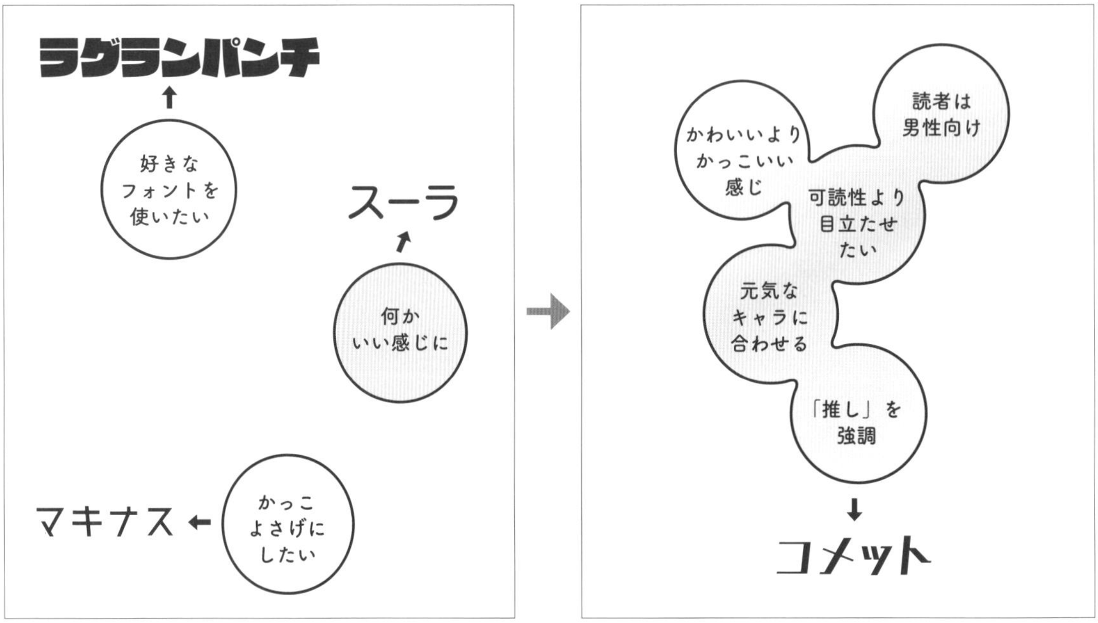

シンプルなフォントだけでもOK

ロゴだからデザインフォントを使ったほうがいいということはありません。シンプルなフォントだけを使っても表紙のデザインは十分可能です。和文がゴシック体なら欧文はサンセリフ体、和文が明朝体なら欧文ではセリフ体というように、和文と欧文ひとつずつ似たフォントを選べばまず失敗しません（セリフ体・サンセリフ体については51ページ参照）。しかも、シンプルなフォントなら可読性も良く、どんな作品にも合います。何かしら加工をするとロゴっぽくなるので、右図のように文字の一部を欠けさせてみたり手を加えてみてもいいでしょう。

MAKING

1 タイトルを文字打ちして、フォントの候補を並べてみます。ひとつのタイトルに使うフォントは1～2種類くらいに留めておくとまとまりが出ます。ここでは「明るいけどかわいすぎない」フォントにしたいため、「コメット」に。ただし、フォントをそのまま使うとやや単調になるため、一部の色を変えたり動きをつけましょう。

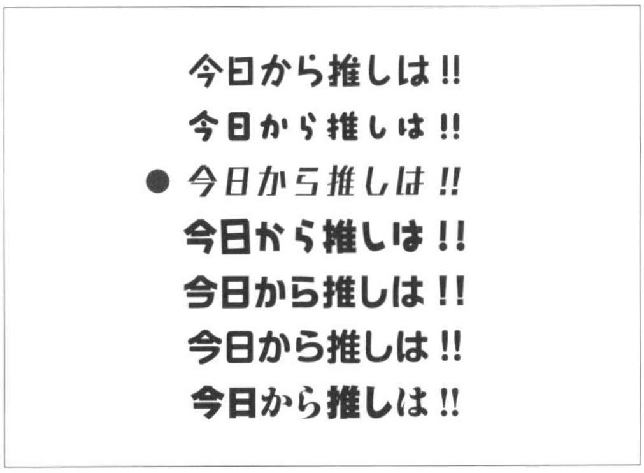

2 フキダシの「All ages（全年齢対象の本）」のフォントを選びます。タイトルのフォントがやや斜めになっているので、それに合わせてイタリックフォントである「DIN 2014 Extra Bold Italic」に変更します。タイトルとの統一感が出て、ただのセリフではなく全年齢ということを説明している感じが出ます。

3 ペンネームは色を黒にして、フォントは「ゴシックMB101」にします。落ち着いた色とフォントが細かい箇所にあると画面にまとまりが出て引き締まる印象になります。

MEMO フォント管理ソフトを使う

フォントをたくさんインストールするとPCやソフトが重くなってしまいますが、そういうときはフォント管理ソフトを使いましょう。フォント管理ソフトを使うと一時的にフォントのインストールやアンインストールができるほか、任意の文字を一覧で表示させることもできるのでフォント選びにも便利です。Windowsは「NexusFont」、Macは「Font Book」（標準搭載）があるので、フォントの多さに困ったときは使ってみてください。

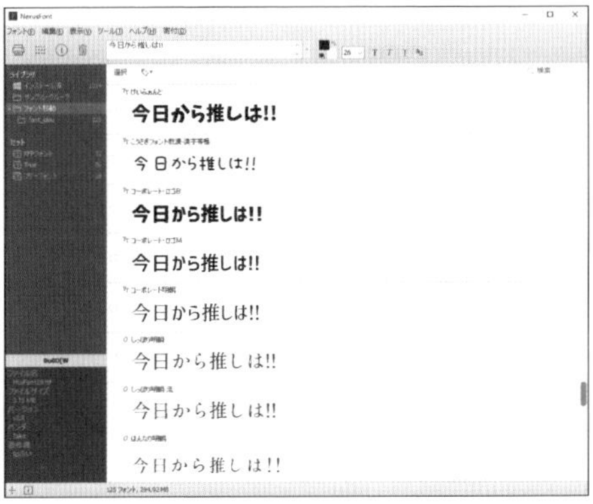

5 文字を外枠に配置してスタイリッシュに見せる

BEFORE

絵とタイトルのスタイリッシュな感じを
デザインにも出したい…

AFTER

文字情報を囲うように配置すると スタイリッシュに！

派手さを抑えめにしてスタイリッシュな見せ方をする

スタイリッシュには様々な意味があるので確実にコレというデザインはありませんが、ある程度おしゃれに見える方法はあります。シンプルに徹し、文字の置き方と簡単な図形を意識するだけでだいぶ洗練したイメージになってきます。

❶ポイント タイトル以外の文字要素を囲うように配置する

タイトル以外の文字要素を外側にバラバラに置くと今風に。また、特に意味がなくてもいいので丸や四角などシンプルな図形を置くと雰囲気が出ます。イラストはあえて単色にすると、アート風でおしゃれな感じにできます。

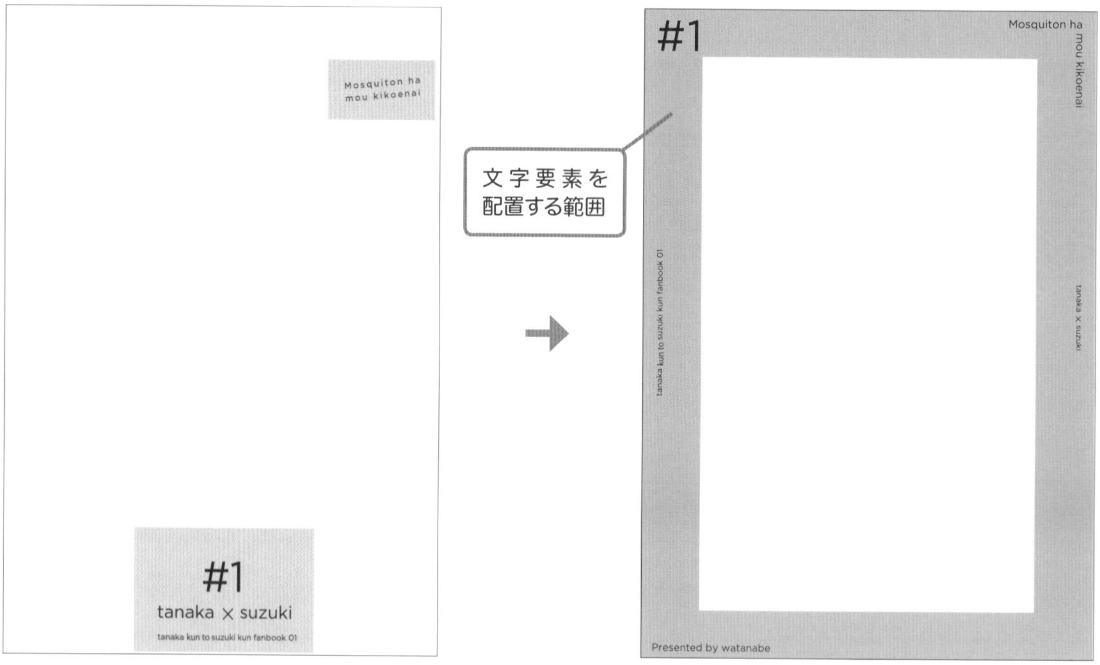

イラストのない表紙に応用しても

ここで紹介した方法は、小説本などのイラストのない表紙でも応用可能です。イラストのある表紙同様、タイトル以外の文字要素は外側に置き、図形は内側に置きます。できれば右図のように何かしら本編に関連する写真を単色にして置くとより雰囲気が出ます。写真はフリー素材でもOK。

MAKING

1 文字要素をそれぞれ外側に配置します。四隅と左右の真ん中辺りに置くと収まりがよくなります。フォントはデザインフォント的なものは使わずシンプルなものにし、色は黒のみにします。

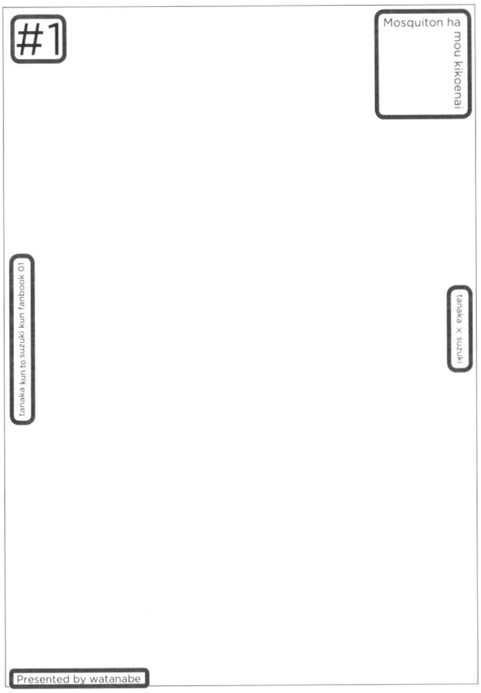

2 図形を配置。星やハートなどのかわいいものよりも、丸や四角などのシンプルなもののほうがアート感が出ます。色は2～3色にし、そのうち1色は差し色的に目立つ色にしてみても。

3 イラストの色を変更します。「色相・彩度」を選び、属性のパネルから「色彩の統一」にチェックを入れます。イラストが単色になるので色相を「+200」、彩度を「25」、明度を「0」にしてやや青みのあるグレーにします。表紙に余白ができるようイラストをやや小さめに配置して完成。

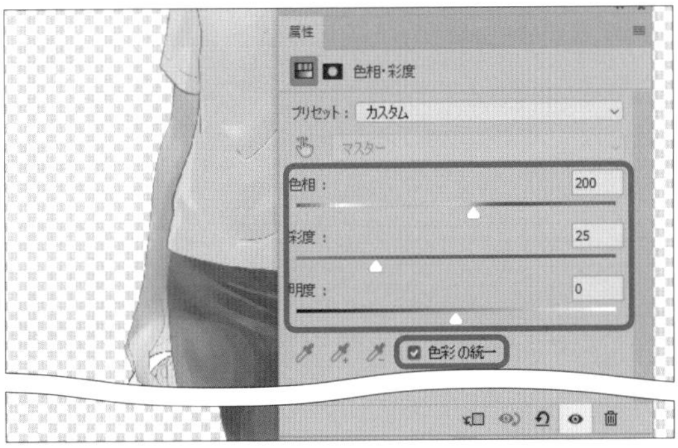

MEMO スタイリッシュに見せるデメリット

ここで紹介した文字を外枠に置いたりイラストを単色にしたりする手法は比較的簡単にスタイリッシュ感を出せますが、タイトルやキャラクターが目立たないというデメリットもあります。タイトルやキャラクターが目立たないと手にとってもらえる確率が減ってしまうかもしれません。好きにデザインできるのが同人誌の楽しみですが、その点は注意しましょう。

6 タイトルに動きをつけて賑やかさを出す

BEFORE

色をもっと目立たせたい

上下の余ったスペースに文字を入れたものの寂しい感じに

イラストのようにロゴも元気な感じを出したい

収まりはいいけど
もっと元気な感じにしたい…

AFTER

一文字ずつずらしたり
角度を変えたりすると躍動感が出る！

画面が大人しくなってしまうときは文字に動きをつけてみる

画面を賑やかにしたいけどどうすればいいかわからないときは、文字に動きをつけてみると躍動感が生まれます。文字を斜めにしてみたり、ずらしてみたり、色を変えてみたり、できることはいろいろあります。こうしなければいけないという法則はないので、自由に動かしてみましょう。

ポイント 一文字ずつ分解し、角度や色を変えていく

テキストを打つときはついタイトル全部を打ってしまいます、それでは文字ごとに加工がしづらくなります。文字は一文字ずつ打って配置しましょう。やや面倒ですが、デザインの幅が広がるのが実感できるので、手間を惜しまずにやってみてください。

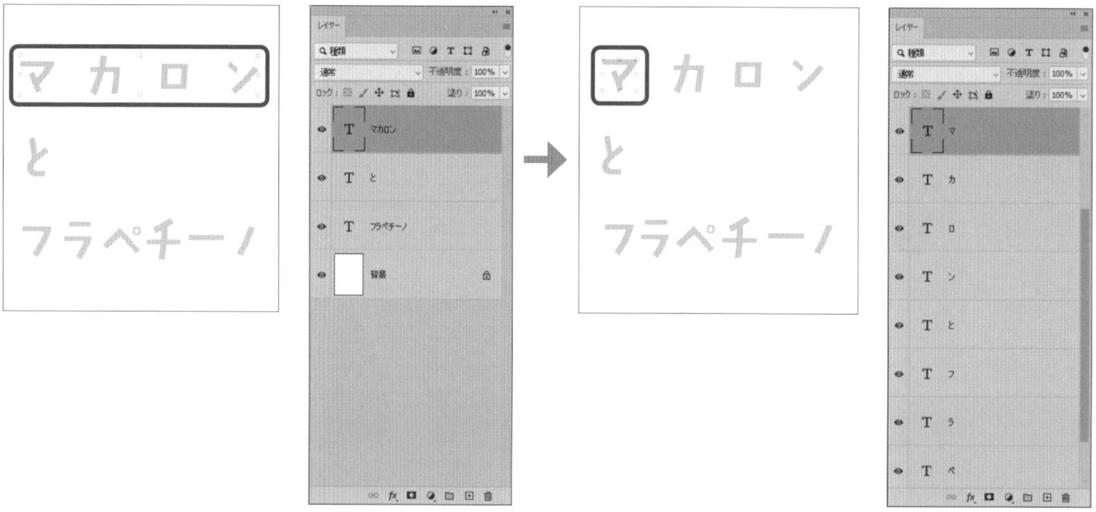

文字に大小をつけてみてもOK

タイトルの文字はすべて同じ大きさでも構いませんが、大小の差をつけるとさらに躍動感が増します。差が適当だとバランスが悪くなるので、一文字おきに大きくしたり小さくしたりしましょう。

MAKING

1 文字を一文字ずつ分けて入力し、角度をつけます。傾けたい文字のレイヤーを選択して Ctrl + T で角度を「-10」にします。角度は大きすぎると読みにくくなるため、10〜20度くらいがベスト。

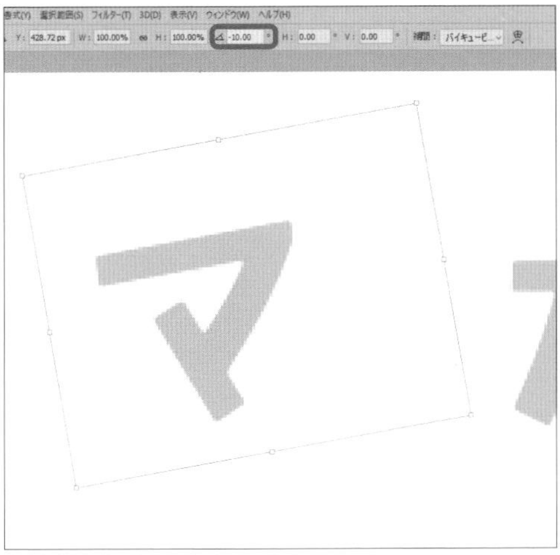

2 文字にさらに動きを出します。斜めにした文字を何文字か下にずらします。下にずらして読みづらくなる場合は、上にずらしてもOK。

3 色を一文字ずつ変えます。色は2〜4色用意します。遊びの要素として「と」を吹き出しにしてみても。また、イラストもやや斜めにして動きを出します。

NG 動かしすぎに注意する

文字を動かすのがいいからといっても、動かしすぎには注意が必要です。右のように傾きすぎたり文字が移動しすぎていると、結局タイトルが読めず、手に取ってもらえる可能性が減ってしまいます。慣れないうちは角度を同じにしたり、文字を一直線上にしたり、ある程度文字を揃えたほうが無難です。

7 余白を意識して高級感を出す

BEFORE

再録集なので豪華にしたいけど
安っぽい雰囲気に…

AFTER

あえて余白を作ることにより
高級感がが生まれる

高級感を出したいときは余白、色、フォントを意識する

再録集や豪華装丁のときはデザインに高級感を持たせたくなるもの。とはいえ、デザインに慣れていないと高級感を出そうとしてかえって安っぽくなることもしばしばあります。そういうときは、余白、色、フォントの三点を意識してみると高級感が出てきます。

❗ポイント 何もないスペースをあえて作る

余白があるとスカスカしてしまうので余計安っぽくなるのでは……と考えると、左下の図のように余白を埋めがちです。実際は情報量が何もないからこそ余裕が生まれ、高級感につながってきます。

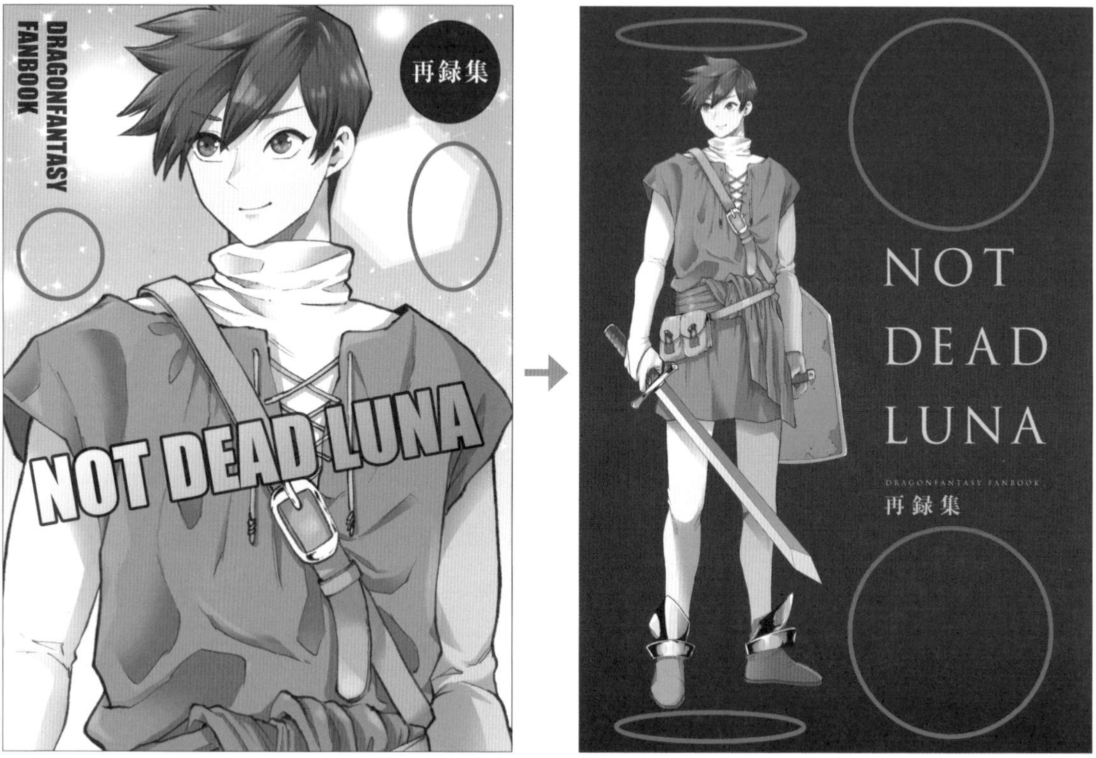

迷った時はセンター揃え

余白を作るといってもどこに配置すれば……と悩んでしまうときはとりあえずセンター揃えがおすすめ。左右の余白が均等になり、見た目の違和感がなくなります。ただし、よくあるレイアウトになってしまうため、既視感が強く、人の目を引きにくくなるという欠点も。また、目分量で配置すると中心になってない場合があるので、しっかりと左右の余白を均等にしましょう。わずかなズレが違和感を生んでしまいます。

MAKING

1 余白を広めに作ります。人物イラストは気持ち小さめに配置し、タイトルロゴや文言もやや小さめにします。

2 背景色を濃い青から黒のグラデーションにします。暗めの色であれば高級感が出やすいため、赤系や茶系でもOKです。また、グラデーションでなく単色でも問題ありません。

3 タイトルのフォントをセリフ体にします。今回はTrajanというフォントを使用しています。シンプルなセリフ体だと高級感を出せます。日本語のタイトルの場合は細めの明朝体を使いましょう。

NG セリフ体とサンセリフ体の違い

欧文フォントにはセリフ体とサンセリフ体があります。セリフ体は縦線が太く、文字の先端にセリフ（横長の装飾）がある書体です。対してサンセリフ体は線の太さが均一で、セリフのないフォントです。セリフ体は可読性重視の文章に適しているほか、今回のように高級感や真面目な印象を与えたいときにも使います。一方、サンセリフ体は目立たせたいときや視認性が求められるデザインに適しています。

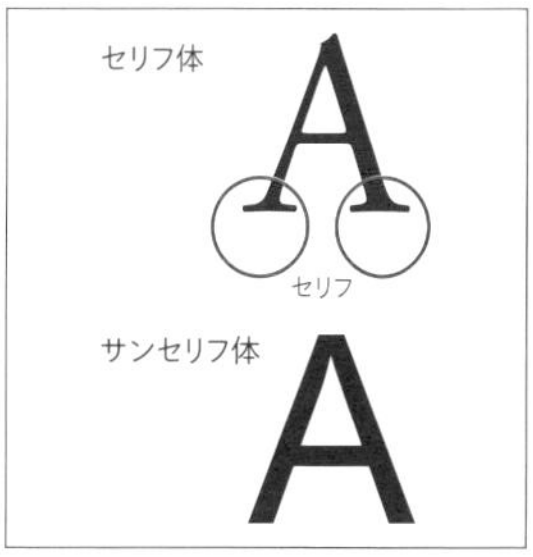

8 ぼかしや枠を使って画面に奥行きを出す

BEFORE

イラストに躍動感があるので
デザインに奥行きがほしい…

AFTER

花を大きくぼかしたり白枠を入れると奥行きが出る！

パーツの配置でデザインに立体感を生み出す

あまり意識しないかもしれませんが、デザインにもイラスト同様立体感が存在します。画面に立体感ができるとキャラクターのいる空間がより印象的になってきます。パーツに一工夫入れることで絵心やデザインセンスがなくても立体感は出せるので、試してみてください。

ポイント パーツを大きめにしてぼかす

パーツを大きくしてぼかすとパーツがいちばん手前にあるように見え、必然的に奥行きが生まれてきます。商業誌のコミックスをデザインしているデザイナーが生み出した手法ですが、もちろん同人誌にも応用可能です。

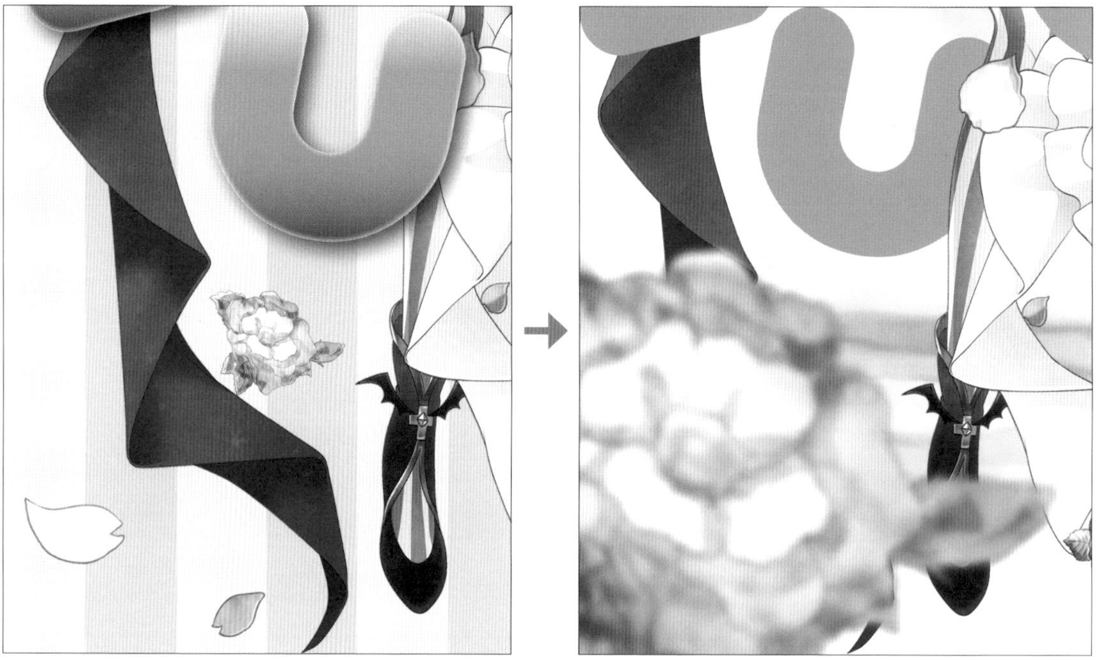

フレームを使っても○

白枠を置くことで、キャラクターや文字が背景からはみ出て奥行きが生まれます。また、奥行きを出すためには必ず白枠である必要はありません。キャラクターと背景のあいだにワンクッションあると視覚効果で人物が浮いてくるように見えるため、フレーム素材でも代用できます。白枠があると画面がやや狭く見えてしまうため、背景を大きく見せたい場合はフレームを使うのといいでしょう。

MAKING

1 上下左右に白枠を作ります。何センチくらいがいいというのはないので目分量で決めます。キャラを引き立てるような色合の素材を中央に配置します（今回はキャラがピンク系なので、素材は青系）。

2 いくつか花を大きくし、ぼかし（ガウス）をかけます。元が花であることがわかるくらいにとどめ、あまりぼかしすぎないようにします。また、その他の花の大きさも大小のメリハリをつけます。

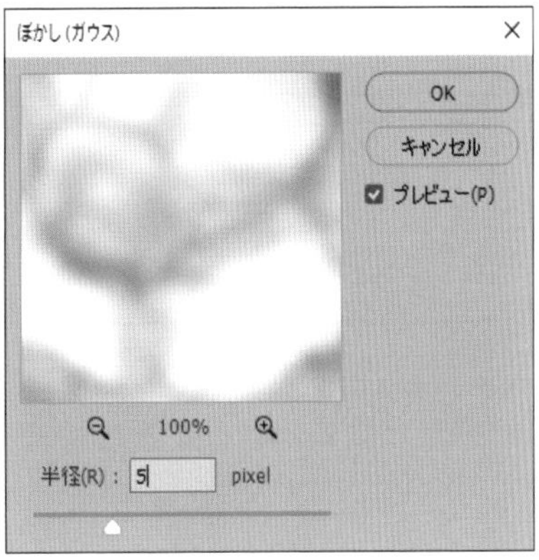

3 タイトルロゴの上に胸を乗せるため、胸だけのレイヤーを作ります。イラストのレイヤーを複製し、胸部分だけを切り抜きします。切り抜きしたレイヤーをタイトルロゴの上のレイヤーに配置すると完成です。

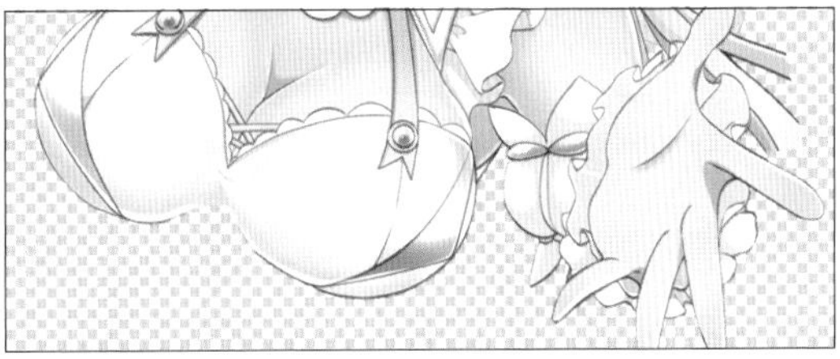

NG エンボスや影の使い方に注意

立体感を出すためについエンボス感を出してみたり影を入れてみたりしたくなりますが、多用すると野暮ったくなるので要注意です。ゲームのタイトルロゴなど、ロゴ単体での使用が多いものは加工して目立たせても構いませんが、同人誌の表紙はイラストありきです。過剰な加工をしてしまいイラストが沈んでしまわないようにしましょう。

9 背景の素材を自作してまとまりを出す

BEFORE

素材の主張が強すぎる

素材の種類が多すぎて騒がしいイメージに

いかにも素材を置きましたという感じの背景に

素材を配置してみたけど
イラストの質感と合ってない…

AFTER

シンプルな素材を自作すると絵とデザインにまとまりが出る！

背景を単色にして絵を目立たせる

素材の形をシンプルに

素材の色は2色くらいにとどめる

背景の素材はそのつど自分で制作する

市販の素材集はデザインが苦手な方や時間がない方には便利ですが、いざ使ってみるとイラストがある表紙とはあまり合わないこともあります。そういうときは、単純な図形で構わないので必要な素材を自作してみると全体的なまとまりが出てきます。

❗ポイント できるだけシンプルな図形にする

左の素材はどれも色鮮やかで立体感があり、単体で見るとデザイン性も強くかわいいと感じさせてくれます。しかし、そのせいでイラストよりも主張が強くなってしまいます。右のように可能な限りシンプルな図形にすると、一見単純に見えるがイラストの邪魔をせず、デザインも洗練されます。

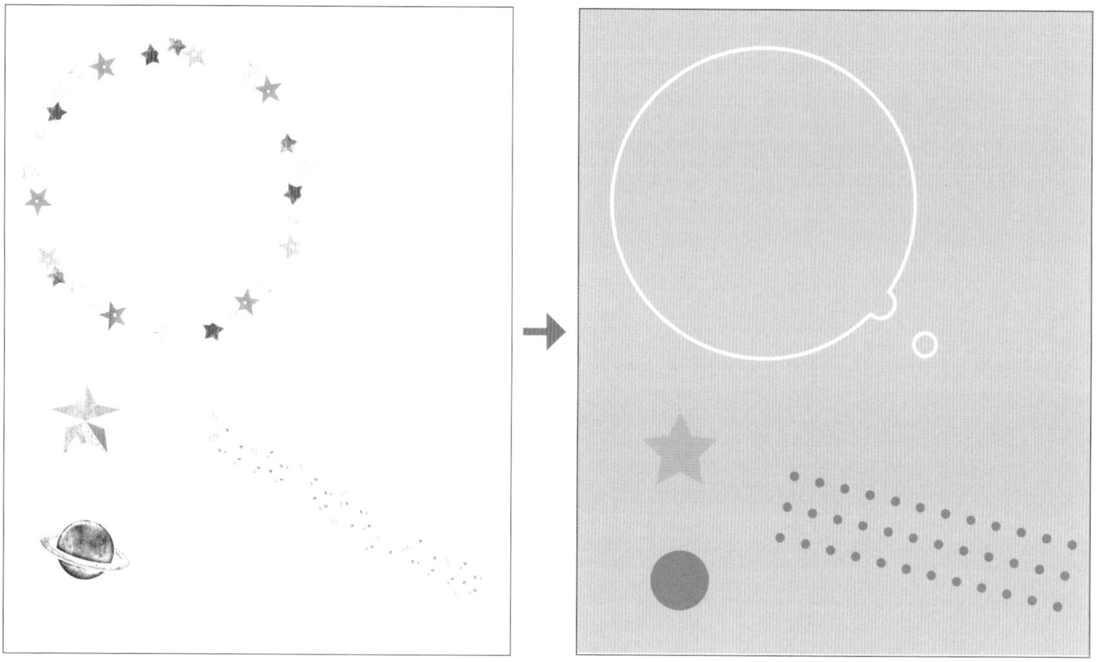

イラストがない場合は素材集を使っても

イラストメインの表紙の場合、素材をたくさん使うと主役のイラストが沈みがちです。しかし、小説本などメインのイラストがない表紙の場合は、素材集のみで構成してもまとまりが出ます。右図のように、テイストが似ていれば素材の種類がたくさんあってもOKです。時間短縮にもなるので、字書きの方には素材集が何冊かあるととても便利です。

MAKING

1 ●や★は文字ツールで打ったものをそのまま配置します。点線は●を約12個× 3 行にして、文字サイズを「7pt」、行送りを「21pt」、トラッキングを「1500」にします。

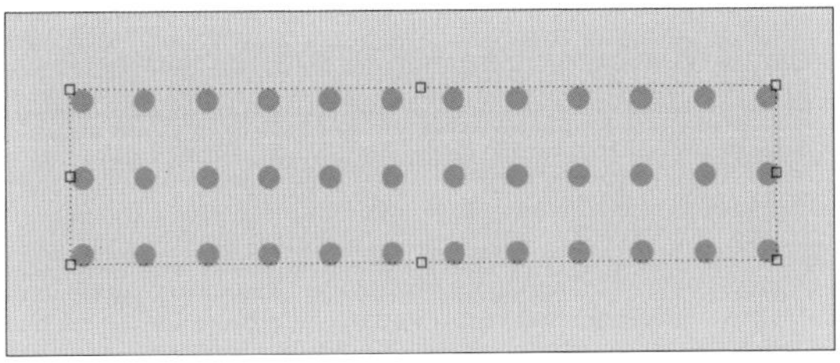

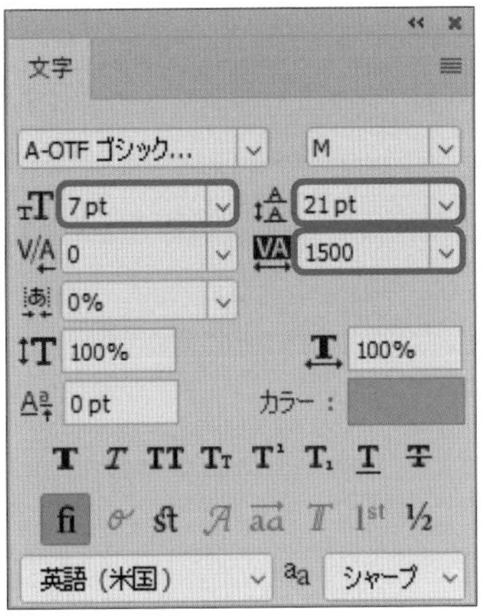

2 ドットの白丸を作ります。正方形のレイヤーを用意し、下図のように中央に円、四隅にもそれぞれ円の1/4を配置します。「編集」→「パターンを定義」にして登録します。

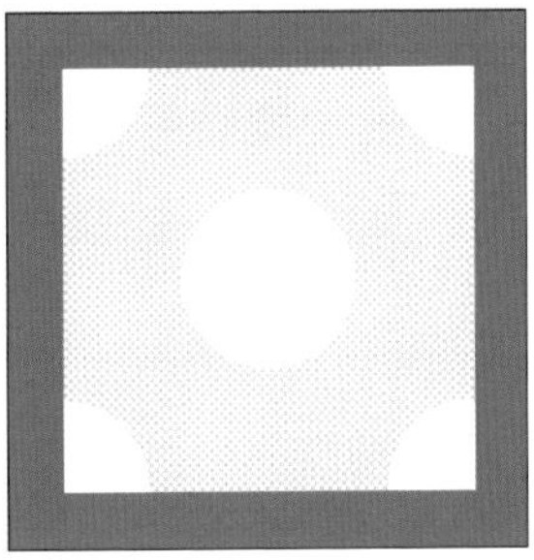

3 新規レイヤーに楕円形選択ツールで正円を作ります。「塗りつぶし」→「パターン」を選び、**2**で登録した白丸を選ぶとドットの白丸ができます。

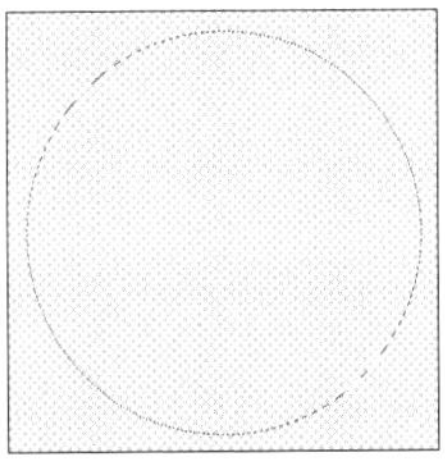

4 パーツに色をつけて配置します。パーツに何色も使ってカラフルにするとイラストの邪魔になってしまうので、2～3色程度に留めておくとまとまりが出ます。

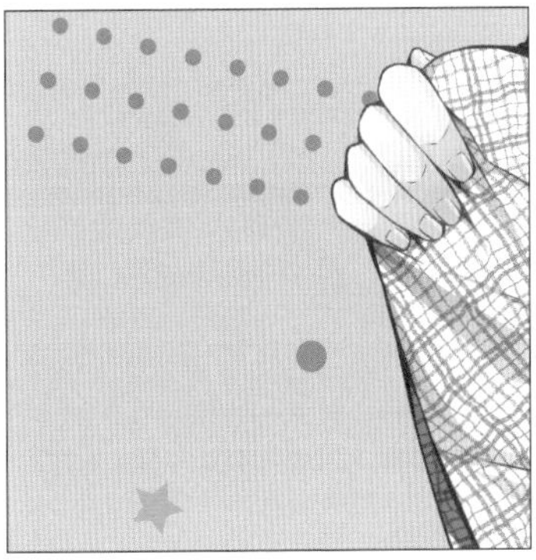

COLUMN 02 使ってはいけないモチーフ

同人誌はパロディも含め自由に作れますが、何をやってもいいわけではありません。使用が法律で禁止されているものもあれば、タブー視されているデザインもあります。ここではその一部を紹介します。

企業や商品のロゴ・商標

企業や商品のロゴを同人誌に使うのはもちろんNG。ただし、使用条件を満たしていれば使えるロゴもあります（例：Twitterのロゴ）。また、商標登録されているデザインは、似せるだけでも商標権侵害になる可能性があります。有名なものでは、ジャポニカ学習帳のデザインは商標登録されています。

実は法律で禁止されているアイテム

一万円札などのお札や貨幣は、撮影したものをそのまま使うと通貨及証券模造取締法の対象となる可能性があります。使用したい場合は、新たにイラストを描き起こしましょう（※1）。実は使用基準が厳格に定められているのが赤十字マーク。シンプルで使いやすそうですが、赤十字社など定められた組織以外が使ってはいけません。赤に近い色や、十字に近い形状でもアウトです（※2）。

首切り・串刺し

禁止されているわけではありませんが、縁起が悪いとされているデザインもあります。たとえば、人物の首部分を横切るように線やモチーフが入っている「首切り」が該当します。「首切り」は見た目的にも違和感が生まれやすいです。また、頭に刺さっているかのように線やモチーフが入っている「串刺し」もNGとされています。もっとも、これらは絶対にやっていけないわけではないので、特に違和感がなかったり、ボーダーやストライプ柄など何か意図があったりする場合ならOKです。

※1 紙幣や硬貨の写真やイラストを印刷物に使ってもいいですか：財務省
https://www.mof.go.jp/faq/currency/07af.htm
※2 赤十字マークの使用について｜日本赤十字社からのお知らせ｜日本赤十字社
http://www.jrc.or.jp/information/160420_004227.html

第3章

もっとこだわる表紙のアイデア＆テクニック

1 英文タイトルを飾りにしてかっこよさを演出する

BEFORE

タイトルの使い方を一工夫してかっこよくしたいが

時間もアイデアもない…

AFTER

英文タイトルをメインにすると
かっこよさが増す！

タイトルそのものを素材の一部にしてしまう

デザインをしていると素材をいろいろ使いたくなりますが、タイトルそのものを大きくして素材にしてしまうという方法もあります。英語かアルファベット表記を別に用意してがっつり大きくするとそれだけでかっこよさが増してきます。

❗ポイント タイトルの英文表記を大きく入れる

日本語のタイトルロゴとは別に、英文表記のタイトルを大きく入れます。多少可読性が悪くなっても問題ありませんが、代わりに小さくていいので読めるタイトルをどこかに入れましょう。また、絵の邪魔にならないように、フォントはシンプルなものを選び、タイトルの読みやすさを考慮しつつ適宜前面・背面を調節します。日本語のロゴの大きさも自由ですが、やや小さめの方が英文との対比ができて画面にメリハリが出ます。

イラストが最前面でもいい

英文表記を大きく配置することにより、模様や柄がついているような印象を読者に与えることができます。しかし、英文表記をメインにするとどうしてもイラストの邪魔をしてしまいます。そのため、英文を背景に回してしまってもいいでしょう。英文タイトルはあくまでも飾りなので、読めなくなっても特に問題はありません。さらに、日本語のタイトルもイラストから離して小さくし、イラストを最前面にして目立つようにしてみてもいいでしょう。

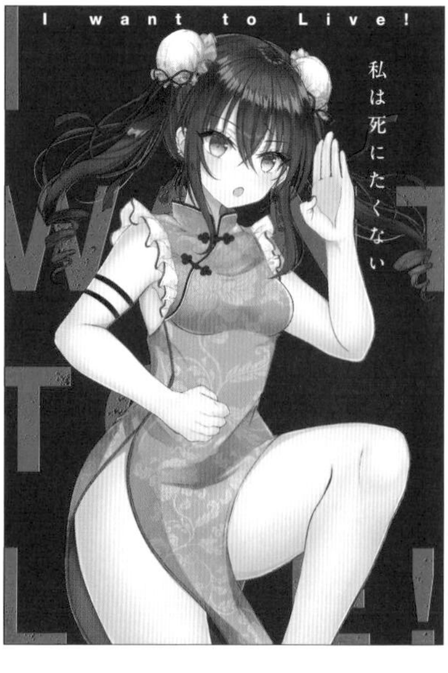

MAKING

1 英文タイトルを配置します。どこまで大きくするかは自由ですが、見本のように多少文字が欠けていたり可読性が悪くても問題ありません。また、英文タイトルを大きく入れる代わりに、小さくていいので同じ英語タイトルを読める大きさで必ずどこかに入れます。また、トラッキングを「200」にして文字の隙間を増やし、絵が隠れすぎないようにします。

2 雰囲気を出すため文字をグランジ風に加工します。まずは文字を「レイヤー」→「ラスタライズ」→「テキスト」で画像化します。次にフリー素材でグランジ系の画像を用意し、画面全体に拡大します。

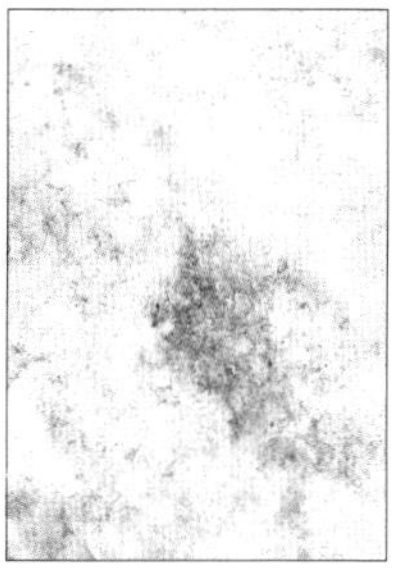

3 グランジ系の画像を二階調化し、黒くなった一部分を選択して「選択範囲」→「近似色の選択」で黒い部分をすべて選択します。選択範囲を残したまま文字レイヤーをクリックし、「編集」→「消去」を選択すると文字がかすれた感じになります。

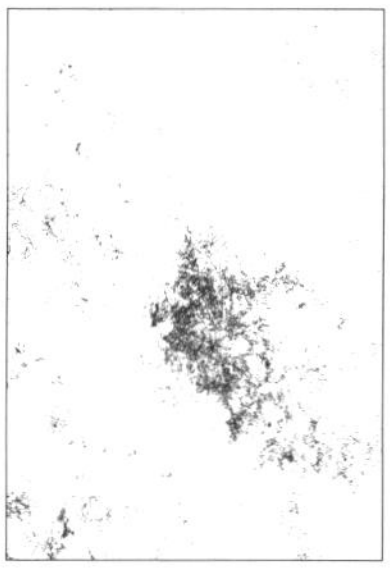

NG 絵が見えなくならないように注意

簡単に見栄えがよくなるからといって、文字を大きくしすぎると人物や風景のイラストに文字がかかってしまいます。どんなキャラクターがどこにいるのかちゃんとわかるようにするのは必須です。特に、人物の顔には文字がかからないようにし、表情が伝わるようにしましょう。

2 ガーリーなパーツでかわいく見せる

BEFORE

パステルやハートを使えばかわいくなると思ったら野暮ったい…

AFTER

パーツやタイトルを繊細に仕上げると
かわいさが生まれてくる！

「かわいい」を感覚で決めずにしっかり考える

「かわいい」とは抽象的で様々な要素があるため、簡単なようで難しいデザインです。そして感覚的ではありますが感覚だけで進めると破綻しがちです。どの部分もしっかりとかわいいとは何かを考えながら、急がず繊細に仕上げ、感覚だけでデザインしないようにしましょう。

❶ポイント フォントや記号をひと工夫して使う

フォントやハートマークなどの記号がかわいいからといってそのまま使ってもかわいさは生まれません。リボンをつけてみたり、ハートを数種類にしてみたり、ひと工夫の積み重ねをしてかわいいを生み出していくのが大事。慣れないうちは色数は少なめにするとまとまりやすくなります。

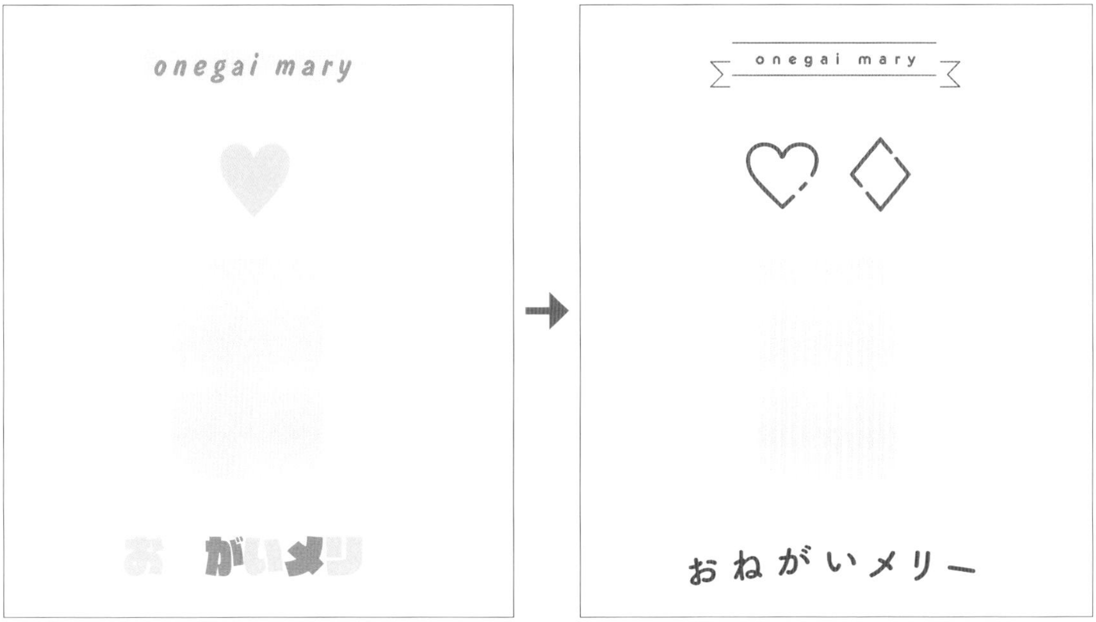

かわいいはひとつではない

「かわいい」にはガーリー、ファンシー、ゆめかわ、ポップ、レトロ……などさまざまなかわいいがあります。かわいくしてみたものの、イラストとうまくはまっていない……と感じたときは、ほかの系統のかわいいを試してみるとうまくいくかもしれません。ただ単におしゃれ感のためにかわいくするのではなく、キャラクターや内容にあったかわいさを選びましょう。

MAKING

1 一部分が欠けた線のハートとダイヤを作ります。「♥♦」をテキストで打ち、サイズを「50pt」にします。

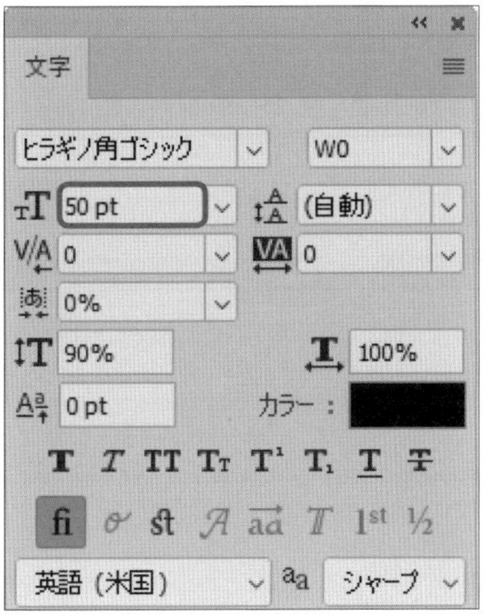

2 「メニュー」→「レイヤースタイル」から「境界線」を選び、サイズを「8px」、位置を「中央」にします。

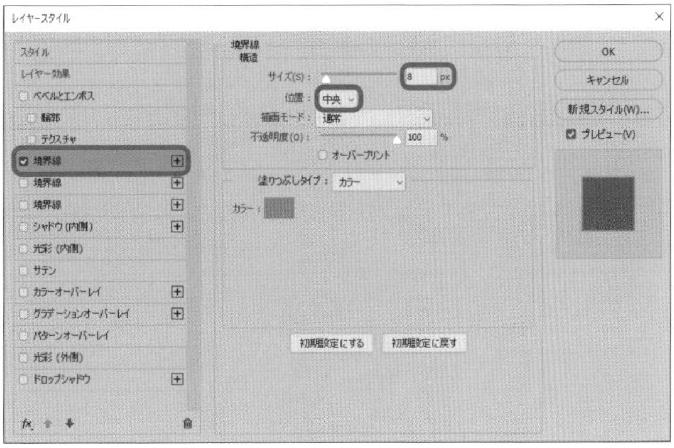

3 テキストをラスタライズして黒い部分を削除します。図形が線だけになるので消しゴムツールで線の一部分を消して欠けたようにします。

MEMO かわいいの主役は人物イラスト

ここではかわいいデザインを紹介したが、あくまでも紙面でいちばんかわいいのは人物イラスト。デザインは人物のかわいさを引き立てるものでなければいけません（イラストのない小説本などは別）。ですので、かわいいからといってデザインを人物より目立たせてしまうと違和感が生まれてしまいます。優先順位を頭においてイラストを活かすようなデザインにしましょう。

3 ぼかしやグラデーションでアダルトな雰囲気を出す

BEFORE

怪しい雰囲気にしたいのに
もっさりしてしまう…

AFTER

フチをぼかしたりグラデーションを多用することでより成人向の雰囲気に

グラデーションを多用して艶めかしい雰囲気に

成人向の同人誌は色味にグラデーションを多用したり縁取りをぼかすとぐっと雰囲気が増してきます。ややレトロな表現で、ともすると野暮ったく見えるかもしれませんが、覚えておくと他ジャンルにも活用できる便利な技です。

❗ポイント 女性的な色をメインにしてふわっとさせる

文字のフチをぼかしたりグラデーションにしたりして、ふわっとさせるとアダルトな雰囲気が出ます。また、色はピンク、赤、紫などをメインにして、青系や緑系の色はグラデーションの一部程度に留めましょう。なお、文字色自体は全部白でも構いませんが、接続詞だけ色文字にしたり、目立たせたい部分に薄い黄色を入れたりするのも場合によっては効果的です。

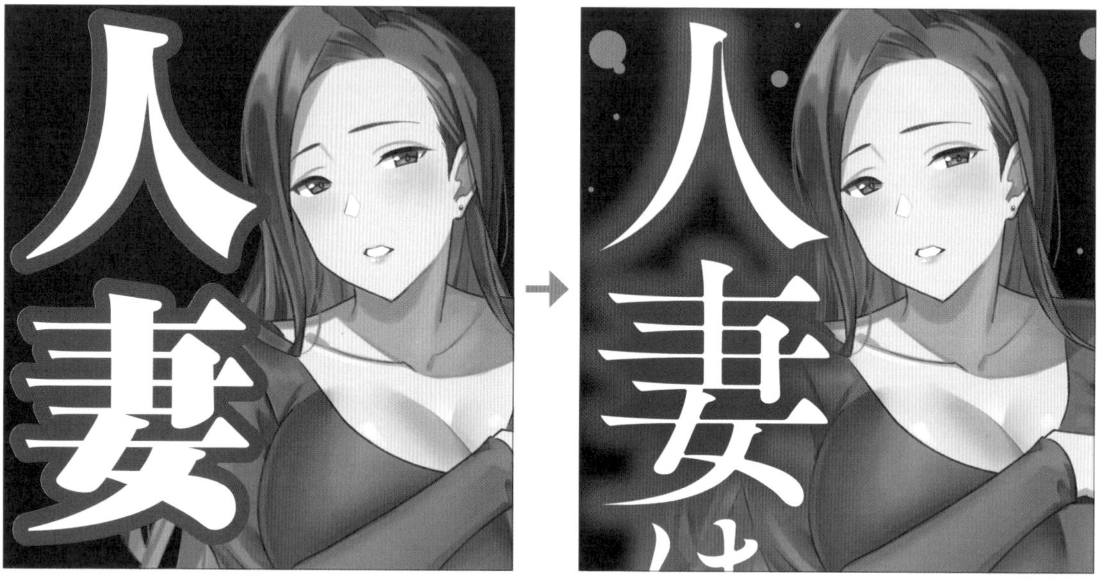

明るい内容の成人向にも使える

表紙の人物がかわいい系だったり、明るい内容のときにもグラデーション+ぼかしの技術は応用できます。グラデーションの色を薄めのピンクやオレンジなどの明るめの色にしたり、ピンク、オレンジ、黄緑、水色などレインボー的な色にしたりしても成人向けに適しています。ただし、おしゃれな感じや洗練された感じにしたいときはグラデーションそのものを使わないほうがいいでしょう。

▲ピンク→オレンジ

▲ピンク→オレンジ→黄緑→水色

MAKING

1 文字にフチをつけます。フチをつけたい文字を選択し、「メニュー」→「選択範囲」→「選択範囲の変更」→「拡張」で拡張量を「30pixel」にします。

▲パレットはパレットの範囲でトリミング（背景の黒なし）他2つも同様に

2 文字を塗りつぶします。拡張された選択範囲が表示されたまま新規レイヤーを作ります。「グラデーションツール」で水色→ピンク→紫のグラデーションを作り、選択範囲内を塗りつぶします。

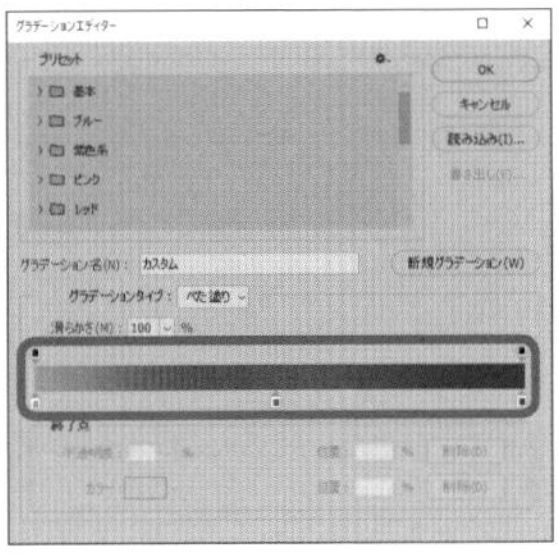

3 選択範囲を解除し、「メニュー」→「ぼかし」→「ぼかし（ガウス）」で半径を「30pixel」、にして文字をぼかします。

MEMO Illustratorでぼかしを入れる

Illustratorでぼかしの効果を作るには、アピアランスを使います。「アピアランスパネル」で線幅を「15pt」にして色はグラデーションパネルから指定します。そして、「ぼかし（ガウス）」を選択し、半径を「30pixel」にすればOK。アピアランスのほうが簡単にできて修正もしやすいため、デザインを本格的にやりたい場合はIllustratorの導入を検討してみてください。

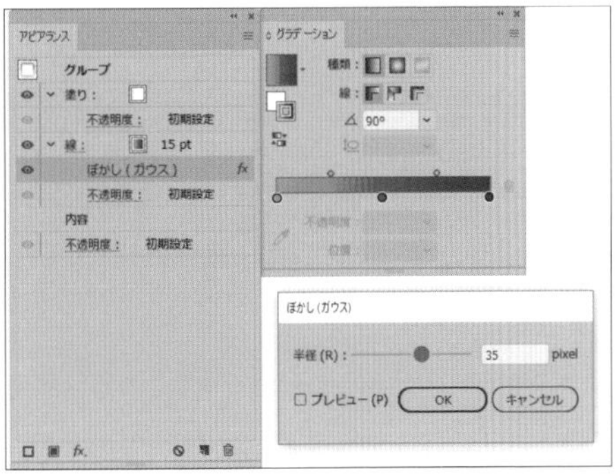

4 色数を減らした塗りでおしゃれ感を出す

BEFORE

いつもと雰囲気を変えたいけど
塗りが苦手なせいかどうも垢抜けない…

AFTER

色数を減らして多色刷りのようにすると おしゃれ感がUP!

塗りがうまくいかないときはベタ塗りのみで多色刷りっぽく

漫画の作業量はカラーよりモノクロが多いのでカラーが苦手になってしまう方もいるかもしれません。塗りに納得できないときは思い切ってシンプルな配色にすると、一気におしゃれな雰囲気に変わります。作業量も節約できるので、時間がないときにもオススメのやり方です。

❗ポイント 色数は２〜４色くらいにして影はつけない

使う色を数色だけにして、塗りはブラシなどを使わずすべてベタ塗りにする。また、あまり細かい着色をすると多色刷りの味わいがなくなるため、影部分は色を着けず、平面的な塗りにします。どうしても影をつけたい場合は色でなく主線でつけましょう。

落ち着いたスモーキーカラーもアリ

使う色に迷ったときはスモーキーカラーでまとめるのもいいでしょう。スモーキーカラーとは元々の色に煙（スモーク）がかかって少しくすんだ色のことです。少ない色数で、かつくすんだ色でベタ塗りをすると、色味が落ち着いていてまとまりを出せます。デザインに慣れていない方でも簡単におしゃれな雰囲気を演出できるのでおすすめです。色をくすませるには、CMYKのうち３〜4色を使って、あまり濃くならないようにします（30ページ参照）。

MAKING

1 着色する色を決めます。2～4色ほどにとどめ、うち1色は主線用に濃い色、残りは薄い色を選ぶと失敗しづらいです。肌色は実際の肌と遠い色を使ってしまうと不自然になるので白にします。

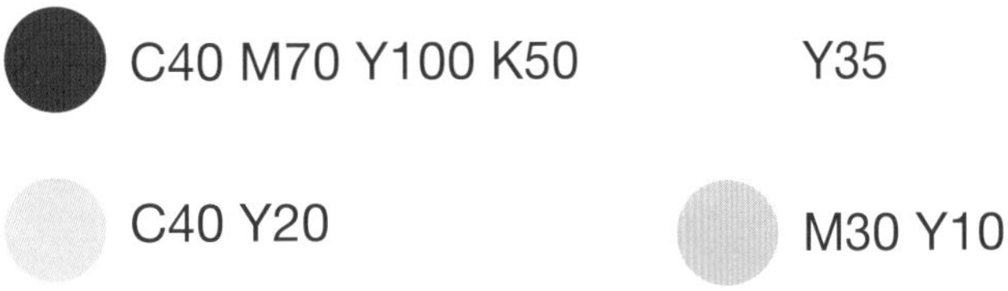

2 色を塗る箇所を選択して、塗りつぶしツールで色を塗ります。**1**で決めた色のみを使って着色しますが、色の不透明度を変えて濃淡をつけるのはOK。その後、塗りつぶしたレイヤーをわざとずらして、版ズレのような効果を出します。すべてのレイヤーをずらすとわざとらしくなるので気をつけましょう。ずらしてはみ出た部分は消去します。

3 ドットや斜線などシンプルな柄を追加します。あまり凝った柄にしてしまうとシンプル感が損なわれてしまうので注意。洋服の斜線が体の形に沿う必要はありません。

MEMO 立体感がなくなるので注意

ここで紹介した手法は平面的に着色するため、表紙をかんたんにおしゃれにできる反面、人物に立体感や迫力がなくなってしまいます。人物にリアル感がある絵柄だとあまり合わないので、内容だけでなく自分の絵柄に合っているかも注意して考えましょう。

5 手書き文字をロゴにしてドラマチックな雰囲気を出す

BEFORE

手書きっぽいフォントを

使ってみたけどアナログ感が出ない…

AFTER

手書き文字を加工すれば
アナログでおしゃれなロゴに！

ドラマチックでおしゃれな雰囲気を手書きで出す

どのジャンルでも見かける定番の手書きロゴ。フォントのように誰かと同じになることもなく、ドラマチックな雰囲気も出てきます。手書きが苦手でも、ある程度ロゴっぽくするポイントを抑えておけば大丈夫です。加工の仕方さえ覚えれば意外と簡単にできちゃいます。

❶ポイント 大げさに伸ばすように書いてみる

ただ単に文字を書くだけではロゴっぽくなりません。一文字につき一角くらい大げさに伸ばしてみるとロゴっぽくなります。また、まっすぐ丁寧に書くよりもやや斜めにして早く書くと、さらに雰囲気が出ます。何度もタイトルを紙に書いてみて、最終的に一番いい文字を一文字ずつ選んで合成するといいでしょう。

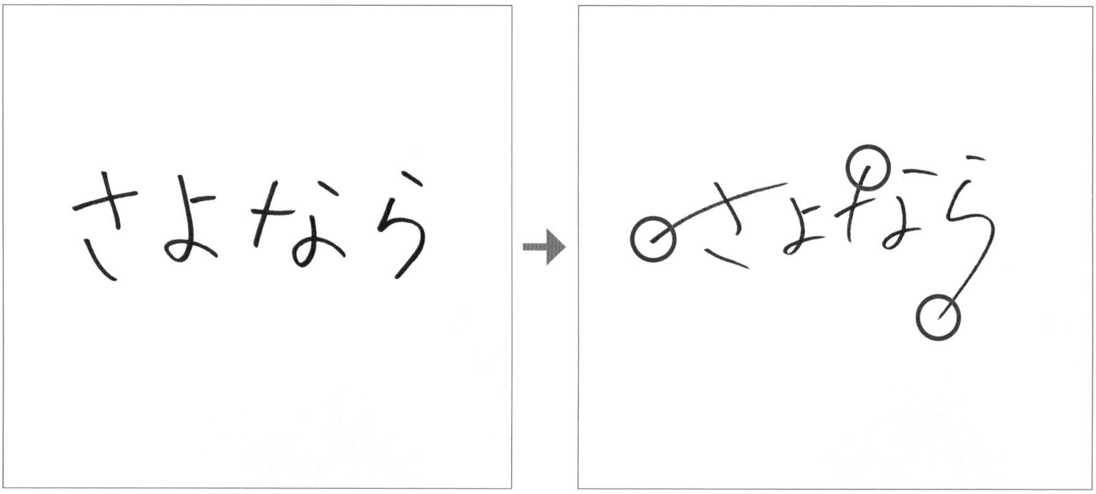

手書きには何のペンを使うか

紙に文字を書く際、シャープペンシルやボールペンなどの細いペンだとロゴになったときにあまり目立ちません。ミリペン、マッキー（細）、筆ペンなど、ある程度の太さがあるペンが適しています。クリップスタジオのペンツールやiPadのスタイラスペンを使ってデジタルで書くのも問題ありません。

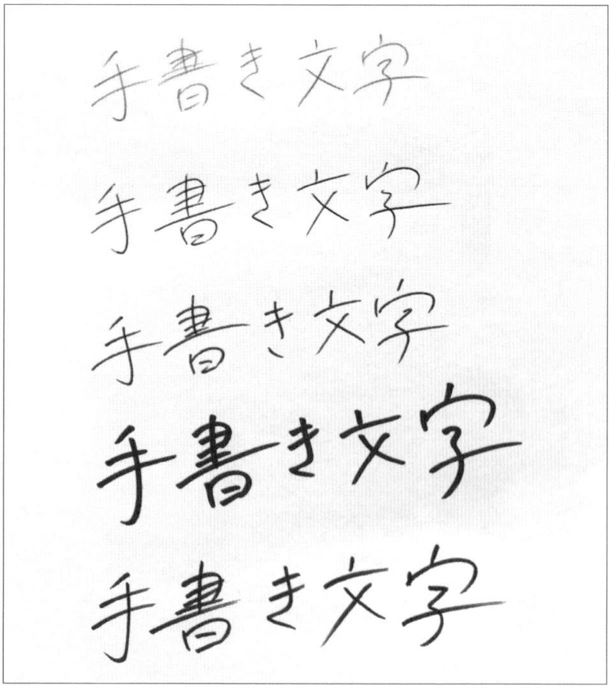

▶上から鉛筆、ボールペン、ミリペン、マッキー（細）、筆ペン

MAKING

1 手で書いた文字をスキャンしPhotoshopで開きます。２階調化して文字だけを選択し、Ctrl+Jで文字だけを新規レイヤーにします。さらに、「レイヤースタイル」で境界線のサイズを「10px」に設定します。境界線の色は白に設定します。

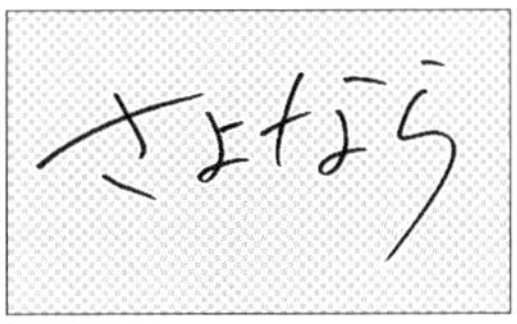

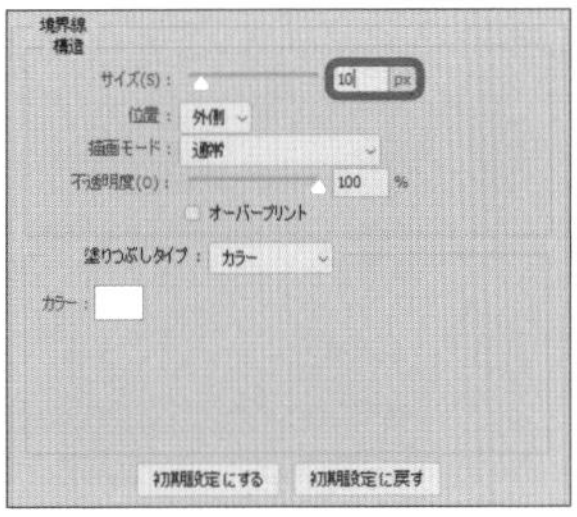

2 文字に効果をつけます。「フィルター」→「フィルターギャラリー」から「はね」を選択します。スプレー半径を「10」、滑らかさを「5」にします。次に「海の波紋」を選択し、波紋の振幅数を「5」、波紋の大きさを「2」にします（各数字は文字の太さによって適切な量が変わるので微調整すること）。

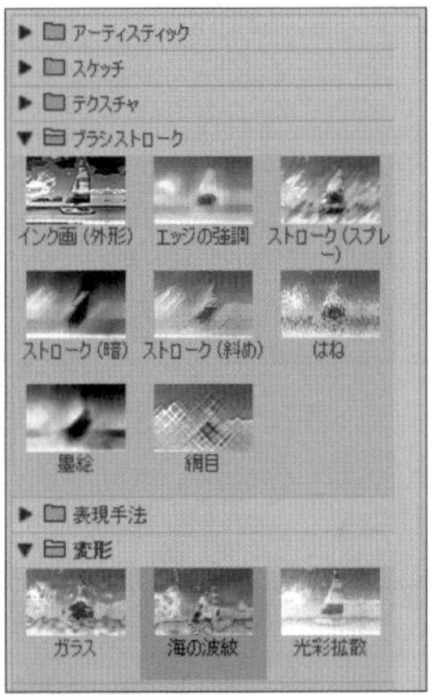

3 再び２階調化して、Ctrl+Jで完成です。文字がざらついた感じになり、よりアナログ感が出てきます。ざらついた感じにしたくない場合は、スキャン後に２階調化だけして加工せず使ってもいいでしょう。

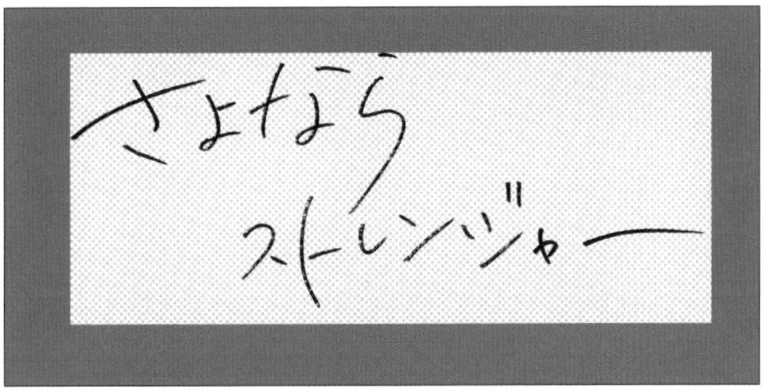

MEMO Illustratorでベクターデータ化する

手書き文字はベクターデータにしてIllustratorにも使用できます。Photoshopで加工した文字だけを選択し、パスパレットの横にあるアイコンから「作業用パスを作成」を選択します。これでパスが作成されます。あとは、ダイレクト選択ツールですべてを選択しコピーし、Illustrator上にペーストすると文字がベクターデータになります。

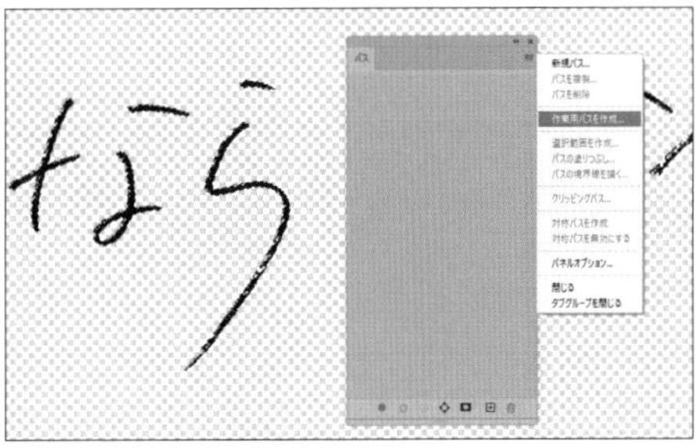

6 文字に装飾をつけてゴシック風にする

BEFORE

タイトルにフリーフォントを使ってみたけど
ゴシック感のあるロゴっぽくならない…

AFTER

いろんな装飾を加えていけば ゴシック感のあるロゴや背景に！

簡単な装飾を追加してゴシック風のロゴにする

中世の西ヨーロッパの美術形式であるゴシック（フォントのゴシック体とは関係ない）は現在でも愛好されています。本格的なものをゼロから作るのは相当な手間ですが、ここではできるだけ手間をかけずフリーフォントだけでできるゴシック的な表現を紹介します。

❗ポイント ゴシック要素のあるパーツをロゴに追加していく

細めの線やキラキラした飾りなどは、シンプルながらゴシックな雰囲気を演出するパーツとなります。これらのパーツを作成して、一文字ずつロゴに加えていきましょう。また、かなりの手間と技術が必要になりますが、複雑な曲線を使うともっと作り込めます。

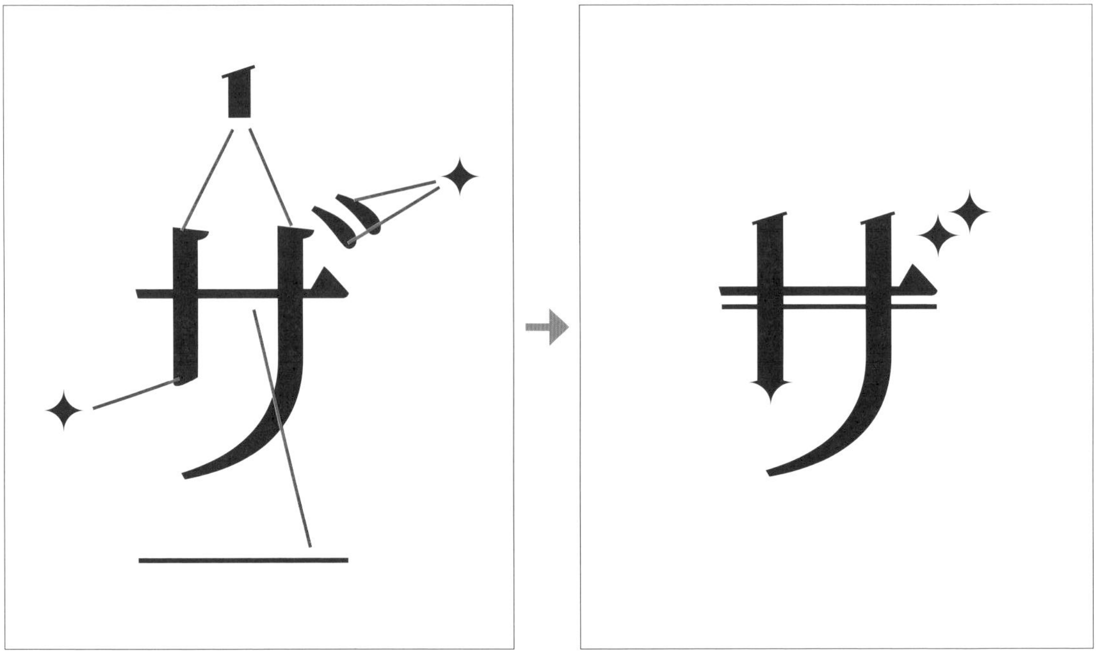

有料のゴシック風フォントたち

有料のフォントであれば、「赤のアリス」（モリサワ）、「パルレトロン」（フォントワークス）など、ゴシック感が強い日本語フォントも用意されています。また、フリーフォントなら「叛逆明朝」もカリグラフィーのようでロゴと相性がいいです。欧文フォントなら「Blackletter」、「Hansa Gotisch」などのフリーフォントが沢山あるので、タイトルが英語のときは利用してもいいかもしれません。

▼赤のアリス

真夜中アラウザル

▼パルレトロン

真夜中アラウザル

▼叛逆明朝

真夜中アラウザル

MAKING

1 タイトルロゴを入力します。ロゴは加工しやすいように一文字ずつ入力します。ここでは直線が多くパーツを追加しやすいフリーフォントの「コーポレート明朝」を使用しています。

2 文字データを画像化します。「メニュー」→「レイヤー」→「テキスト」→「ラスタライズ」を選択すると、画像データに変換できます。

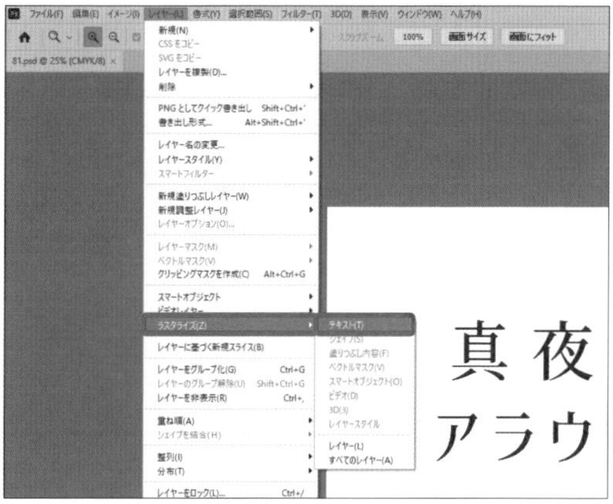

3 キラキラ、縦線、横線、斜めの長方形などのパーツを個別に作成して、一文字ずつ追加します。はみ出た部分は消しゴムツールなどで消去して形を整えます。

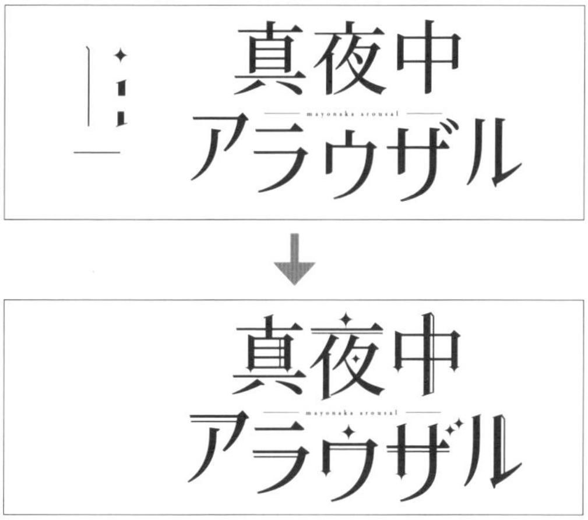

MEMO フレームを手軽に作成する方法

外側にフレームを作るときは「◆・」と文字打ちし、文字サイズを「5.7pt」、トラッキングを「500」にします。あとはコピー&ペーストで横幅と縦幅を埋めます。四隅には手順**3**で使ったキラキラを配置すれば完成です。

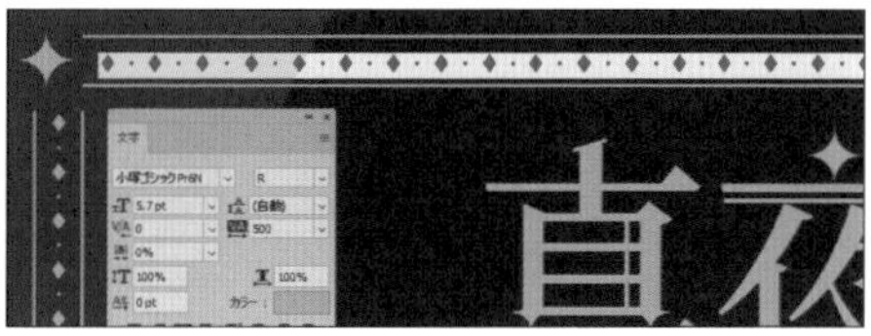

7 イラストや文字をループさせてありきたりさをなくす

BEFORE

人物は目立つけどそれ以外が寂しい印象に

よくある全身立ち絵でなく変化が欲しい

タイトルとフォントがあまり繋がってない

よくある立ち絵の構図なので
いつもと変化が欲しい…

AFTER

ひとつの絵をループさせると同じ絵でも賑やかな印象に！

同じ絵をランダムに配置

イタリック（斜体）フォントで躍動感を出す

メインイラスト以外は全部見えなくていい

いつもと違う印象にしたいときはイラストをループさせる

表紙の構図が普通の立ち絵ばっかりになってしまうときは、思い切って同じイラストを増やしてループさせると面白い効果が生まれます。実際に描く絵の数は変わらないので時短テクニックにもなります。

❶ポイント 人物のイラストを複数配置してランダムにトリミングする

人物のイラストを小さくし、いくつか増やして、イラストが繋がっているように見せます。すべて同じイラストですがいろんなところを走り回っているような賑やかさが出てきます。

タイトルをループしてみても

イラストではなく、タイトルをループさせるという手もあります。一箇所は必ずタイトルを読めるようにして、あとは適当なところでトリミングして並べるだけなのでとても簡単。特徴の強いフォントはたくさん並ぶとくどい印象になるので、シンプルなフォントを使いましょう。

MAKING

1 イラストをコピー&ペーストで増やしますが増やす数に決まりはありません。今回は5点に増やしましたが、2点にしてその分イラストを大きめに使ってもOKです。あまり増やしすぎるとイラストを小さくしなくてはいけないので注意。

2 増やしたイラストを配置します。きっちり並べるよりも、ややバラけて配置したほうが自然になります。メインイラスト以外は適当な部分でカットしてループ感を出します。極端な部分（顔など）でトリミングしてもOK。

3 タイトルのフォントを変更します。フォントはタイトルや内容に合わせて選びましょう（今回はDIN 2014のDemi Italicにしています）。斜めのフォント（イタリックフォント）にするとやや躍動感が出ます。また、トラッキングを「800」にして文字の字間を多めにし、距離がある感じを出します。今回はタイトルに合わせてフォントを変更したので必ずタイトルや内容に合ったものを選ぶこと。

MEMO 表1から表4にかけてループしても

応用として、右図のように表1から表4にかけてループさせても面白いかもしれません（表1・表4については111ページ参照）。同人イベントでは新刊を表1と表4を並べて置くこともあるため、表4までループさせればかなり目立ちます。ただし、この場合は表1単体で見たときにタイトルがわからないので、必ず小さくどこかにタイトルを入れておきましょう。

8 ネオン風のエフェクトで夜の雰囲気を出す

BEFORE

夜の雰囲気を出したいけど
ただ暗いだけになってしまう…

AFTER

ネオン風に加工すればかっこいい夜の空間に！

フォントと加工でネオン風になる

背景写真をピンぼけ風に加工

人物の色を背景となじませる

ただの夜の街をネオンやぼかしでムードのある雰囲気に

夜の街の雰囲気を出そうとすると、画面が暗くなってしまうことがあります。そういうときは、タイトルロゴをネオン風に見せると、画面を明るくしながら夜の雰囲気を演出しやすくなります。また、ネオンは80年代のビビッド感や近未来感も表現できるデザインなので、意外といろいろなタイプの表紙に応用が効くかもしれません。

❗ポイント レイヤー効果でネオンサインを表現する

Photoshopのレイヤー効果を使用すれば、文字が光っているように見せられるだけでなく、ネオン管のような立体感が生まれ、街中で光っているような雰囲気になります。なお、フォントは左の図のような太いものではなく、実際のネオンサインのように細いものだけを使いましょう。

模様もネオンにしても

ネオンのような加工をするのはタイトルロゴだけでなく背景の模様にも使えます。塗りのない線だけの図形なら何でもOKです。また、どんな色でも加工により明るくなり統一感も出てくるため、いろんな色を使ってカラフルに表現しても面白い効果になります。

MAKING

1 背景に使う夜景の写真を用意します。ぼかして加工するので夜景であれば何でもOK。「メニュー」→「フィルター」→「ぼかし」→「ぼかしギャラリー」→「フィールドぼかし」を選択し、ぼかしを「70px」、光のボケを「40%」、ボケのカラーを「20%」にします。ただのぼかしではなく光の部分が丸くなるのでピンぼけのようになります。

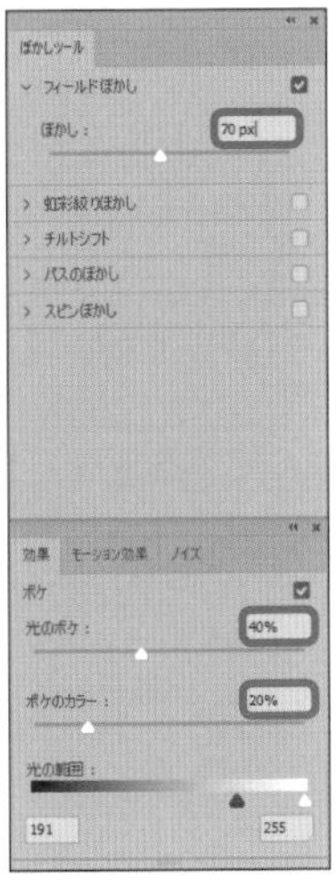

2 背景がやや暗いため色補正をします。「レイヤー効果」→「色相・彩度」から色相を「+15」、彩度を「+80」、明度を「+10」にします。さらに明るくするため、別レイヤーに右図のような紫から水色のグラデーションを作り、描画モードをオーバーレイにします。

3 タイトルロゴを入力します。フォントは細い線が二重になっていて加工しなくてもネオン感があるフリーフォントの「Potra」を使います。

4 フォントサイズを「105pt」にし、レイヤー効果を以下の通りにします。

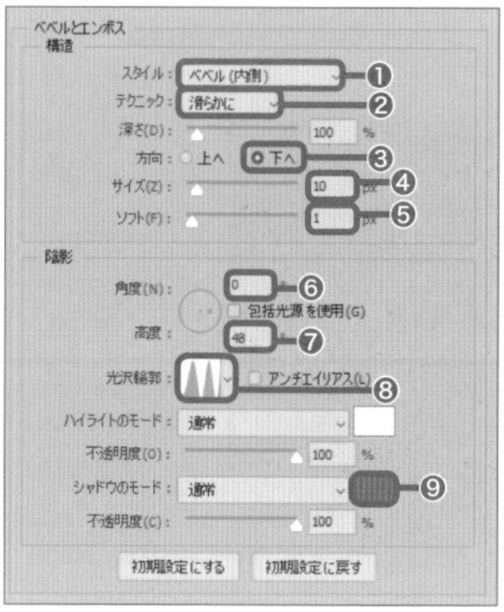

a.ベベルとエンボス
❶スタイル：ベベル（内側）
❷テクニック：滑らかに
❸方向：下へ
❹サイズ：10px
❺ソフト：1px
❻角度：0°
❼高度：48°
❽光沢輪郭：波形
❾シャドウのモード：ピンク

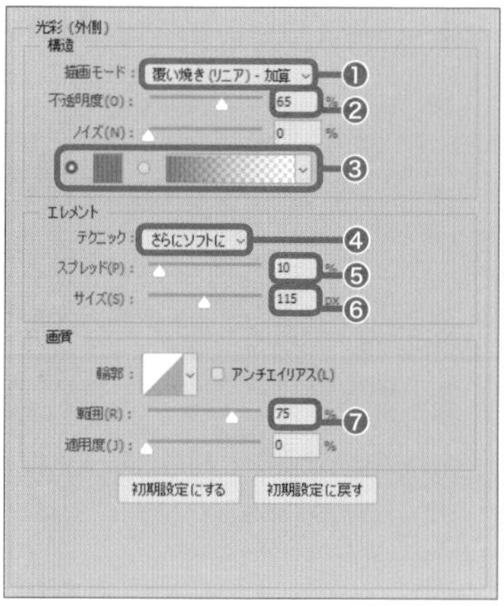

b.光彩（外側）
❶描画モード：覆い焼き（リニア）-加算
❷不透明度：65%
❸色：ピンク
❹テクニック：さらにソフトに
❺スプレッド：10%
❻サイズ：115px
❼範囲：75%

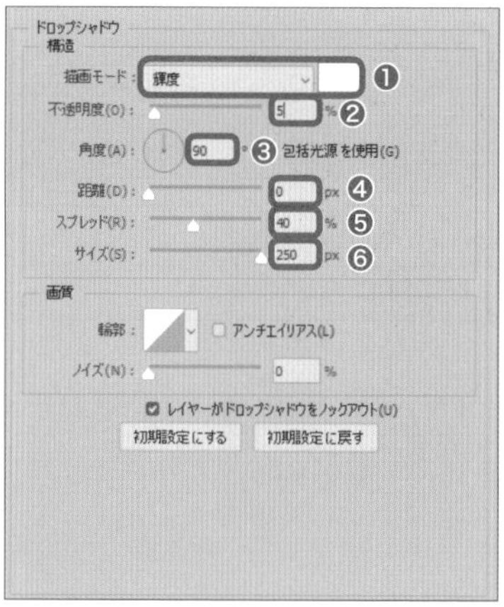

c.ドロップシャドウ
❶描画モード：輝度（色は白）
❷不透明度：5%
❸角度：90°
❹距離：0px
❺スプレッド：40px
❻サイズ：250px

5 **2**のグラデーションのレイヤーを複製し、人物の上に置きます。Ctrlを押しながら人物のレイヤーをクリックします。人物のみを選択したら選択範囲を反転し、グラデーションレイヤーを消去します。人物だけにグラデーションがかかったらグラデーションレイヤーの描画モードを「ソフトライト」、不透明度を「55%」にします。人物の光があたる部分を消しゴムツールのブラシで消去し、ネオンの光が当たっているような雰囲気を出します。最後にタイトルを一文字ずつ拡大してランダムに配置し、それぞれ不透明度を40〜60%にして完成です。

第4章

イラストいらずのアイデア＆テクニック

1 フォントだけで小説本の表紙を作る

BEFORE

シンプルすぎて
地味な印象に

空いたスペースも
活用したい

シンプルでかっこよくしたいけど
ただフォントを置いただけに…

AFTER

フォントをランダムに置くだけで アレンジのきいた表紙に！

フォントそのものを素材にして飾りのように使う

漫画やイラスト集と違い、小説本はイラストを使わず表紙を作らなくてはならないこともあります。そうした場合、表紙に何を使うか悩みどころです。内容にあった素材を用意するのがいちばんですが、フォントを素材にしても面白い表紙を作れます。時間がないときにも便利な手法です。

! ポイント　フォントを一文字ずつランダムに配置する

メインのタイトルをやや小さく中央に置き、そのタイトルをコピーします。あとは、コピーした文字を大きくして一文字ずつ配置するだけです。置き方に法則はありませんが、角度をつけてみたり色を変えてみたりすると変化が出て単調さがなくなります。なお、タイトルの可読性を守るため、タイトルの近くにはあまり配置しないようにしましょう。

写真と組み合わせて使っても

背景は必ずしもベタではなく、写真を背景に置くのもアリです。ただし、写真をそのまま使うと、写真もフォントも見えづらくなることがあるので工夫が必要です。色ベタのレイヤーを写真の上に作り、不透明度を下げると全体的な濃度が同じくらいになり、フォントが見えやすくなります。

MAKING

1 中央にタイトルとサークル名などを配置します。タイトルのフォントは作品に合っていれば何でもいいですが、今回はフリーフォントの「Cinzel」を使用します。

2 飾りとなる文字を配置します。中央のタイトルよりも大きめのサイズでタイトルを一文字ずつ打ち、全体的にバラバラに配置します。配置が一箇所に固まらず等間隔に近いとバランスがよくなります。数文字だけ色をつけてさらにランダムな感じを出します。

3 文字を回転させます。今回はフォントに高級感があるため、90°、180°、-90°の3種類にし、統一感を出します。

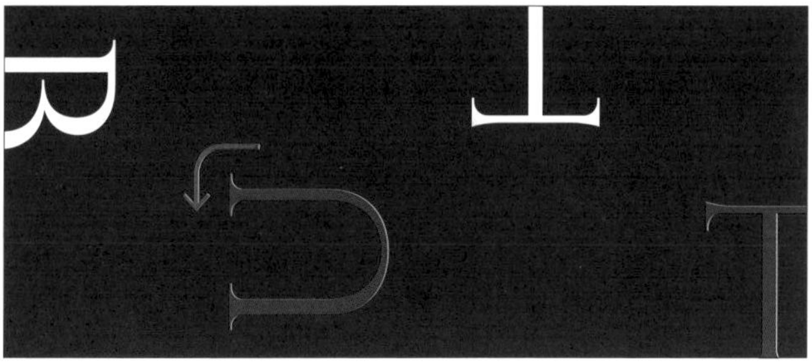

MEMO フォントの角度で印象は変わる

フォントは配置する角度によって印象が変わります。セリフ体のように高級感があるフォントは、規則的な角度のほうが落ち着きが出ます。ポップなフォントは右図のようにいろいろな角度で変化をつけたほうが生き生きとしてきます。また、角度だけでなく色や大きさも変化させて遊び心を出すと、どんなフォントでも元気で賑やかな印象を与えられます。

2 簡単な図形を組み合わせて表紙を作る

BEFORE

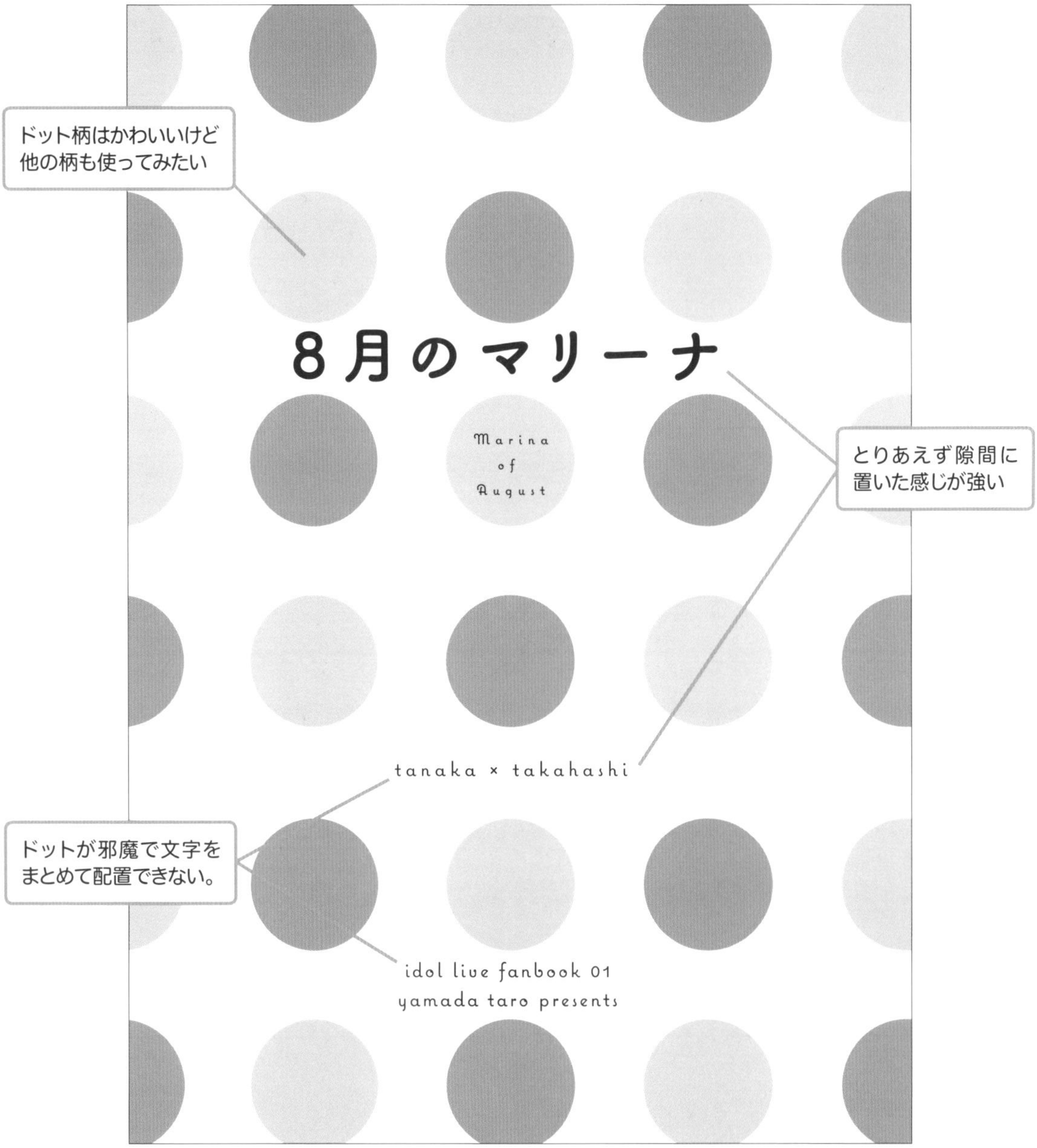

ドット柄は楽でかわいいけど
もう一工夫してみたい…

AFTER

簡単な図形を組み合わせるだけで賑やかに！

図形は丸や三角などさまざまな種類を使う

文字は正方形の上にまとめる

斜めのストライプ柄を作る

丸と三角だけで表紙の柄ができる

表紙の背景の模様は素材集を使って作るのもいいですが、丸や三角だけでも表紙の模様を作ることができます。適当に作っても何となく成立するので、デザインが苦手でも作りやすく、あまり時間がかからないのもメリットです。

❗ポイント シンプルな図形をランダムに散りばめる

三角と丸だけを使い、大きさを変えてみたりランダムに配置したりすればOK。図形の色は数色に留めます。ストライプ柄はパターンを作る必要がありますが、一度作れば使い回せます。また、柄が多くなるため、タイトル部分は板などを置いて独立させると読みやすくなります。

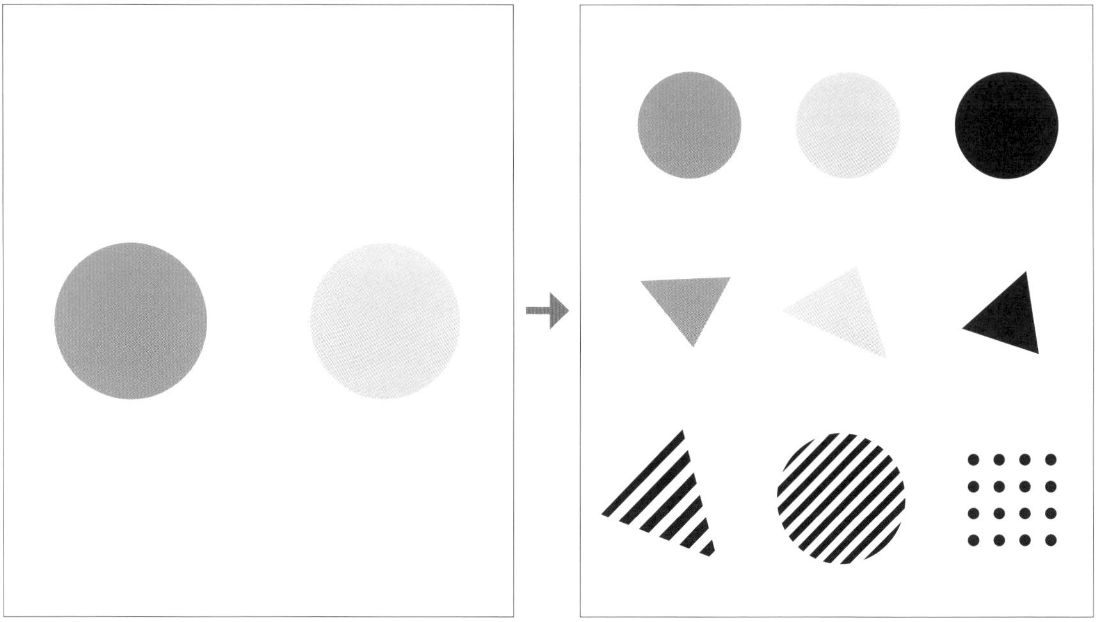

イラストを使った表紙に応用する

簡単な図形は表紙にイラストがあるときにも応用できます。むしろ、簡単な図形だとイラストの邪魔をしないので使い勝手がいいくらいです。あまり図形が目立ちすぎるとイラストの良さを消してしまうので、目立つ色の黒は控えめにして、図形がキャラクターにあまりかからないようにしましょう。

MAKING

1 丸と三角を作ります。楕円形選択ツールを選択し、Shift を押しながら選択範囲を作って塗りつぶすと丸を作れます。三角形は多角形選択ツールで作ります。三角形の形はバラバラでOK。図形を用意できたら、大きさや色をそれぞれ変えてランダムに配置します。

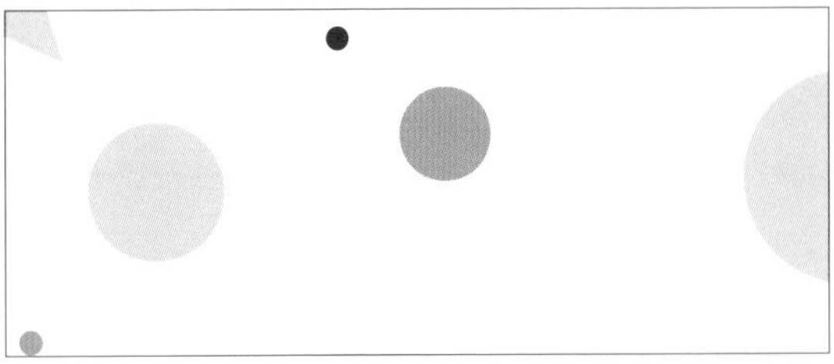

2 点線の四角はテキストツールで「●●●●」と4行入力して作ります。「文字パネル」でフォントサイズを「5pt」、行間を「10pt」、トラッキングを「1000」にします。

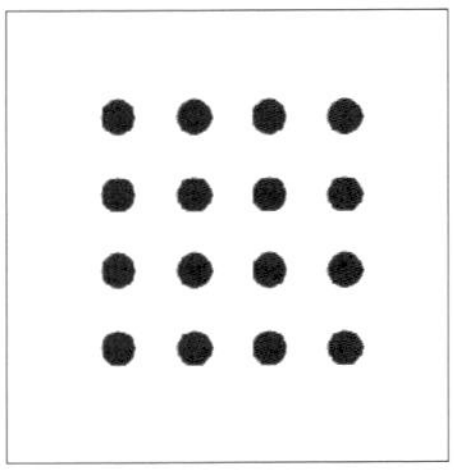

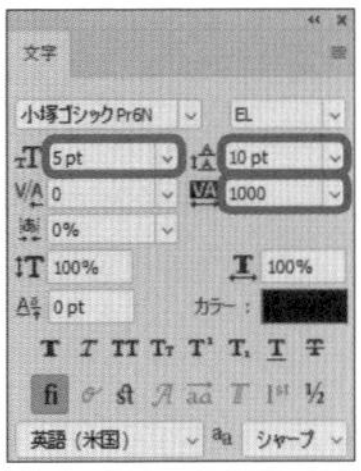

3 斜めのストライプを作ります。まずは「ファイル」→「新規」で100×100pxのファイルを作り、縦横50pxの部分にガイドを引きます。ガイドに沿ってペンツールで右図のような四角形と三角形を作ります。このレイヤーを選択し、「編集」→「パターンを定義」でパターンにします。

4 白い丸か三角を作り、レイヤー効果の「パターンオーバーレイ」を選択します。パターンの部分に**2**で作ったパターンを選択すると、図形がストライプ柄になります。角度や比率の数字を変更してみてもOK。

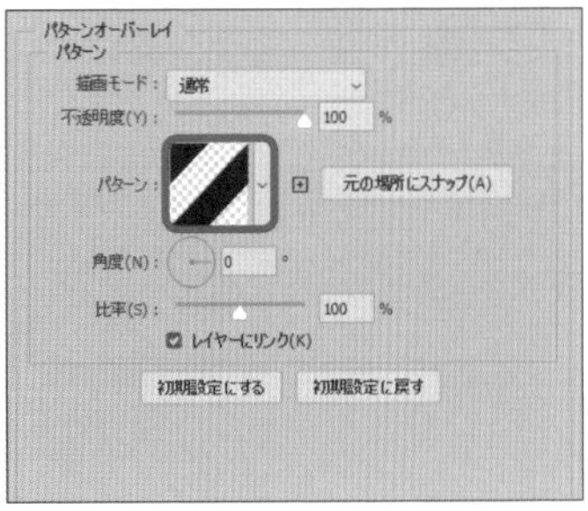

MEMO 抽象的な画面になるので注意

ここで紹介した手法はシンプルな図形でかわいい雰囲気を簡単に作れますが、丸や三角だけだと、どんな内容の話なのかがぱっと見でわからないというデメリットもあります。タイトルを工夫したり、告知するときにあらすじをわかりやすく載せたり、表紙以外で内容を伝えると読者に親切です。

3 写真を加工してイラスト風にする

BEFORE

実写の写真をそのまま使うと
実写ジャンルの印象に…

AFTER

イラスト風に加工して
アニメやゲームジャンルに合う雰囲気に！

スマホで撮った写真を加工してアニメのような風景に

写真は世界観を伝える便利な道具です。しかし、加工しないまま表紙に使ってしまうと、アニメやゲームの雰囲気を出したい場合には逆効果です。そうした場合は、写真の色味を調整して、イラスト風に仕上げると表紙にもハマります。写真自体はスマホで撮影したものでもOKです。

ポイント HDRトーンで写真の色を変更する

さまざまな加工の中でもいちばん画像に差が出るのがHDRトーンです。特に「ガンマ」、「露光量」、「自然な彩度」、「彩度」を上げると色味が変化し、「ディティール」を下げると写真の細かさがなくなり、アニメ風の画像になります。SNSに掲載するような写真にも使えるので、普段から練習してもいいかもしれません。

加工済みの写真を使う場合

実写感が強い写真はすべてNGというわけではありません。たとえイラストっぽくなくても、色補正などがしっかり行われていたり、構図にこだわったフォトジェニックな写真であったりすれば、表紙の素材としてもハマりやすいことはあります。そうしたクオリティの高い写真を探したい場合は、フリー素材のサイト「O-DAN」(https://o-dan.net/ja/)は商用・同人利用可能なのでおすすめ。

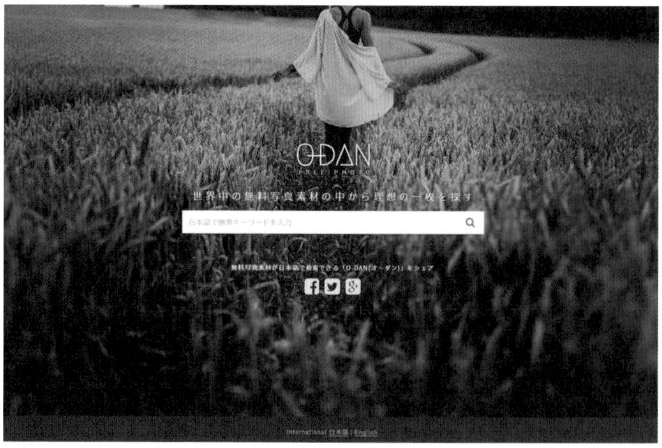

MAKING

1 色調を補正します。「イメージ」→「色調補正」→「HDRトーン」を選択し、以下のように設定します。
ガンマ:2.0
露光量:+0.30
ディティール:-50
シャドウ:+100
自然な彩度:+100
彩度:+80
なお、レイヤーが統合されるため元画像は必ず別に取っておくこと。

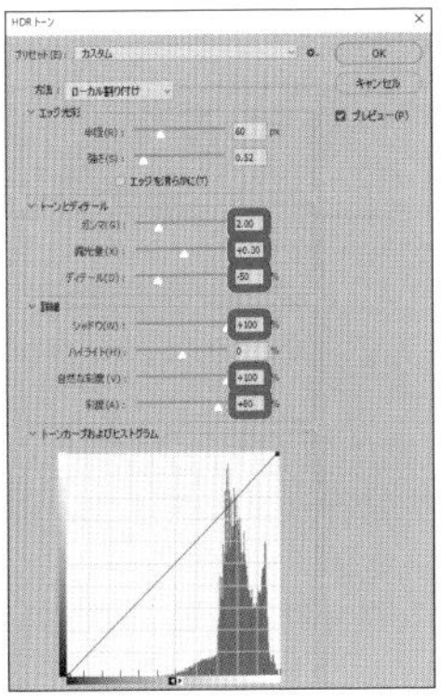

2 「フィルター」→「フィルターギャラリー」から塗料を選択します。ブラシサイズとシャープを「5」にします。写真の細かい陰影がだいぶ減り、イラストのような塗りになります。

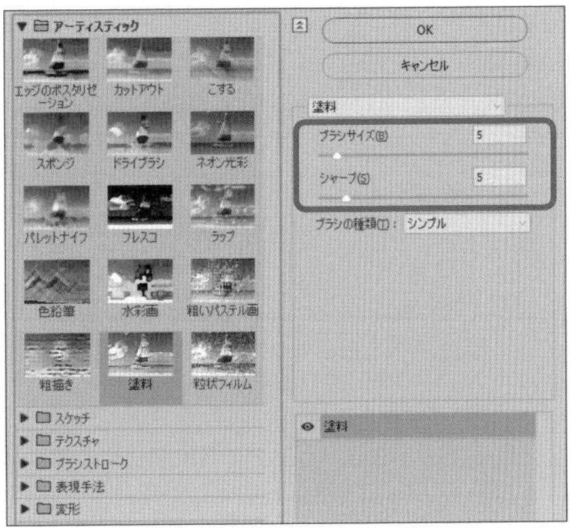

3 **2**のレイヤーを複製し、「フィルター」→「その他」→「ハイパス」を選択し、半径を「0.4pixel」にします。画面がグレーのベタになりますが、そのまま2階調化し、しきい値を「120」にします。右図のような線画ができるので、雲部分など余計な線を消し、レイヤーを乗算にします。

4 ビルの色味に統一感を出すため、右図のような青から透明になるグラデーションを作ります。レイヤー効果を「ソフトライト」、不透明度を「50%」にすると全体的に青みがかったビルになります。

4 本文の項目を載せて情報量を増やす

BEFORE

猫のかわいさはアピールできたけど
もっと内容のアピールもしたい…

AFTER

本文の項目やキャッチコピーを載せて どんな内容かアピール！

情報量を増やして表紙だけで多くのことを伝える

技術書などはイラストや写真を表紙に使って内容を表現することも可能ですが、どうしても伝わりにくい場合もあります。そういうときは、できるだけ表1の情報量を多くしましょう。また、サムネイルにしたときも1枚の画像だけで中身が伝わるため、ネット上での頒布の面でも有効です。

❗ポイント 下部分を帯のように使いキャッチコピーや項目を載せる

同人誌には基本的に帯がないので、下部分を帯に見立てて使います。帯には目次に載せている項目を載せて中身がわかりやすいようにし、キャッチコピーもあると帯らしさが出ます。情報量が多すぎると見てもらえないので、行数は少なめにします。キャッチコピーも長くなりすぎない簡単なものにしましょう。

文字情報を表4に配置してもいい

情報量を多くすればイベントやSNSで注目される確率が増えるかもしれません。しかし、情報を増やしすぎると見栄えが悪くなりがちです。情報量と見栄えのバランスをとりたい場合は、文字を表4に配置して表1をすっきりさせるといいでしょう。108ページのBeforeのような見せ方が必ずしも悪いわけではないので、作りたい本のイメージを考えながら、納得のいくやり方を選びましょう。

MAKING

1 下部分の約4分の1を偽帯のスペースにします。簡単なキャッチコピーと目次の項目を載せます。ガイドを引いておくと見やすくきれいになります。

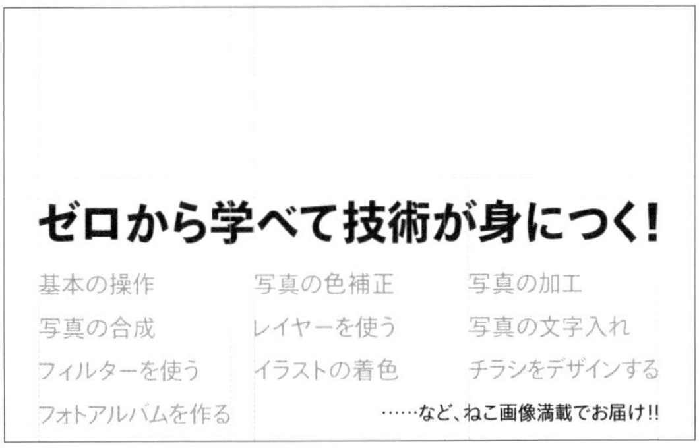

2 キャッチコピーを変更し、黒い板を置いて目立たせます。派手な色や装飾を使うと情報に信憑性がなくなってしまうため、シンプルな長方形を使います。

3 タイトルの上に枕詞をつけます。108ページのBeforeの文言だと猫ばかり目立ってしまうので、どういう人が対象なのかをはっきりさせて、読者への求心力を強くします。

MEMO 表1～表4とは

表1・表2・表3・表4とは本の表紙の呼び方です。よく単に表紙と言われる部分が表1（表表紙）で、表2は表1をめくった裏側の部分です。逆に、表紙の反対側の部分が表4（裏表紙）で、表3は表4をめくった裏側になります（右図参照）。同人誌では一般的に表1からページ数を数えはじめ、表4が最後のページとなります。また、表2・表3は基本的に印刷しません。ただし、オプションとして表2・表3を印刷することも可能です（183ページ参照）。

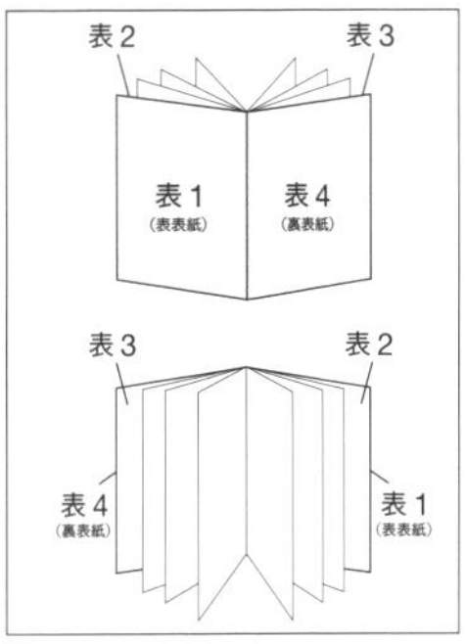

5 色味や撮り方で食べ物をおいしそうに見せる

BEFORE

料理して撮影してみたけど

おいしそうに見えない…

AFTER

撮るときの角度や食べ物の色補正で食べ物がおいしそうに！

料理の写真は撮影時の光と色補正で美味しそうになる

グルメ同人誌は商業誌とは違った切り口の本がたくさんあります。レシピやテーマも大事ですが、肝心なのは美味しそうに見せること。高い機材を揃えなくても、撮り方やその後の色補正で食欲に訴えかける写真にすることができます。

❶ポイント 自然光をうまく使って撮影する

自宅で撮影する場合、部屋の電気は消して窓の近くにテーブルを置き、昼間の自然光で撮ると自然な雰囲気になります。また、逆光か半逆光（逆光の方向から45度ずらした角度）で撮ると立体感が出ます。レフ板はスチレンボードを使って用意し（下記参照）、影になってしまう部分に置きましょう。

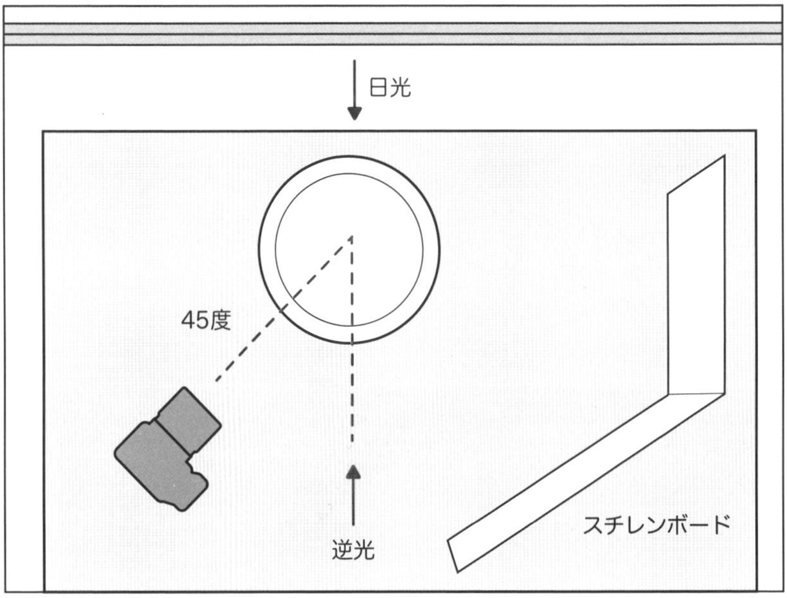

簡単な小道具でクオリティアップ

簡単にクオリティを上げたいときは100円ショップに売っている小道具がおすすめ。ランチョンマットはさまざまな種類があり、マットで食べ物の印象を変えることができます。また、スチレンボードは二枚重ねて白いテープでつなぎ合わせればレフ板になります。レフ板は光を反射させて影になる部分を明るくするため、より立体的できれいに仕上がります。もちろん、食べ物以外の物撮りにも使えます。

MAKING

1 左ページのポイントのような環境にして料理を撮影します。斜め45度くらいの角度で撮ると自然でいちばん美味しそうに見えます。また、90度（真上から）で撮るとインスタグラム風でおしゃれになります。

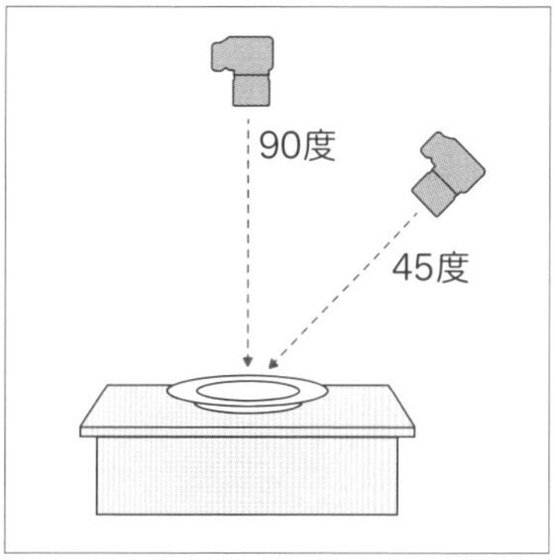

2 撮影した写真をPhotoshopで開き画像の補正をします。まずは画面を明るくするため、レベル補正でいちばん右の△を少し左にスライドさせます（ここでは数値を「245」に）。

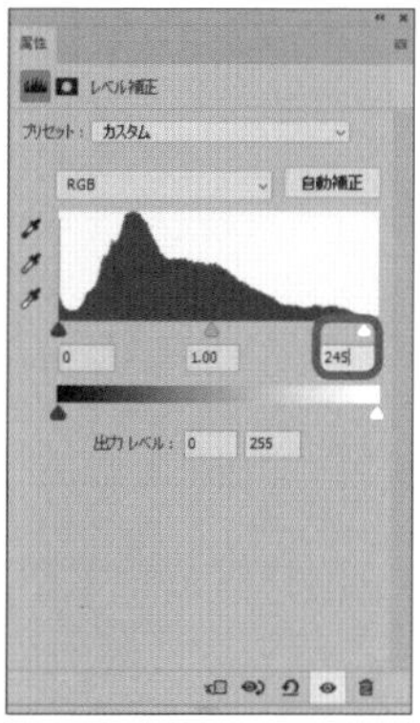

3 色補正をします。料理の色は基本的に赤と緑が強くなると美味しそうに見えます。特定色域のレッド系のシアンを「-20%」、マゼンタを「+8%」、イエローを「+8%」にします。さらに、グリーン系のシアンを「+20%」、マゼンタを「-30%」、イエローを「+15%」にします。また、パスタの色味もやや強くしたいため、シアンを「-10%」、イエローを「+5%」にします。

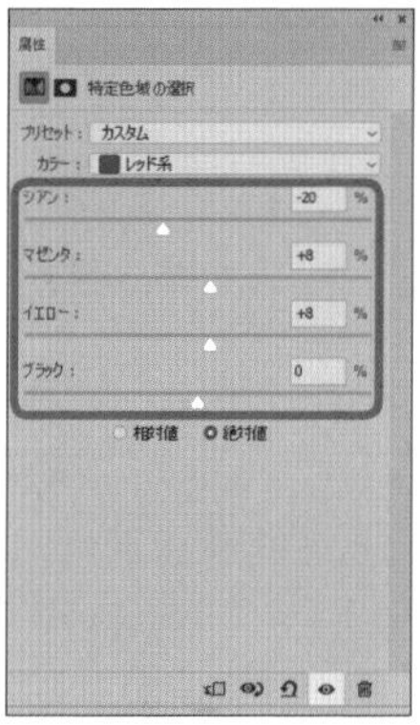

4 撮った写真を配置し、文字入れをします。赤、オレンジなどの暖色系は食欲を増進させるのでメインに使うといいでしょう。野菜に近い緑系も○。青や紫の寒色系は冷たさを連想するアイスなど、意味のあるとき以外は避けたほうが無難。

6 情報にメリハリをつけて雑誌の表紙のようにする

BEFORE

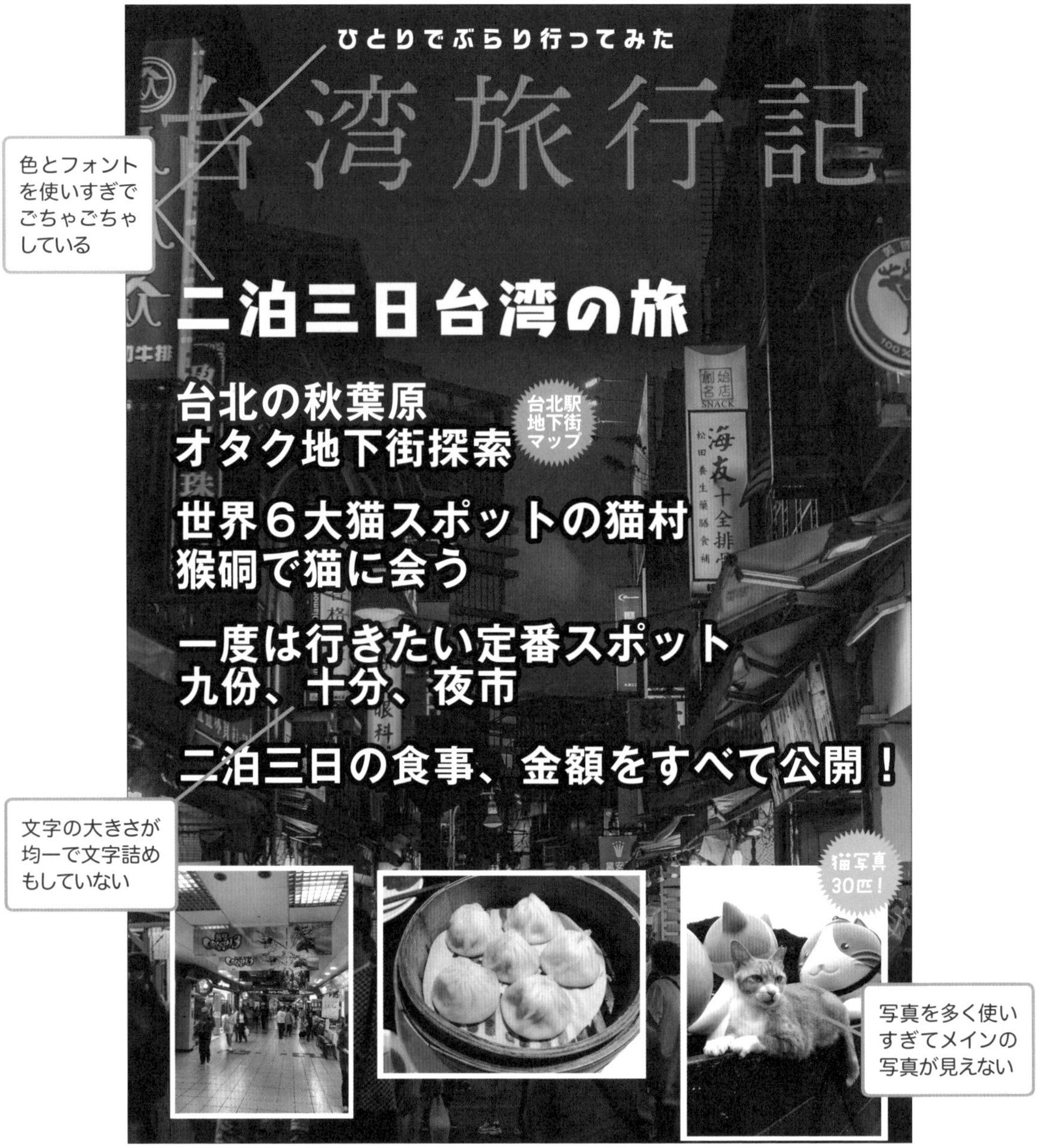

旅行記の表紙を雑誌っぽくしたいけど

ただ文字と写真を並べただけに…

AFTER

情報を整理してまとまりを出すと雑誌の表紙のように！

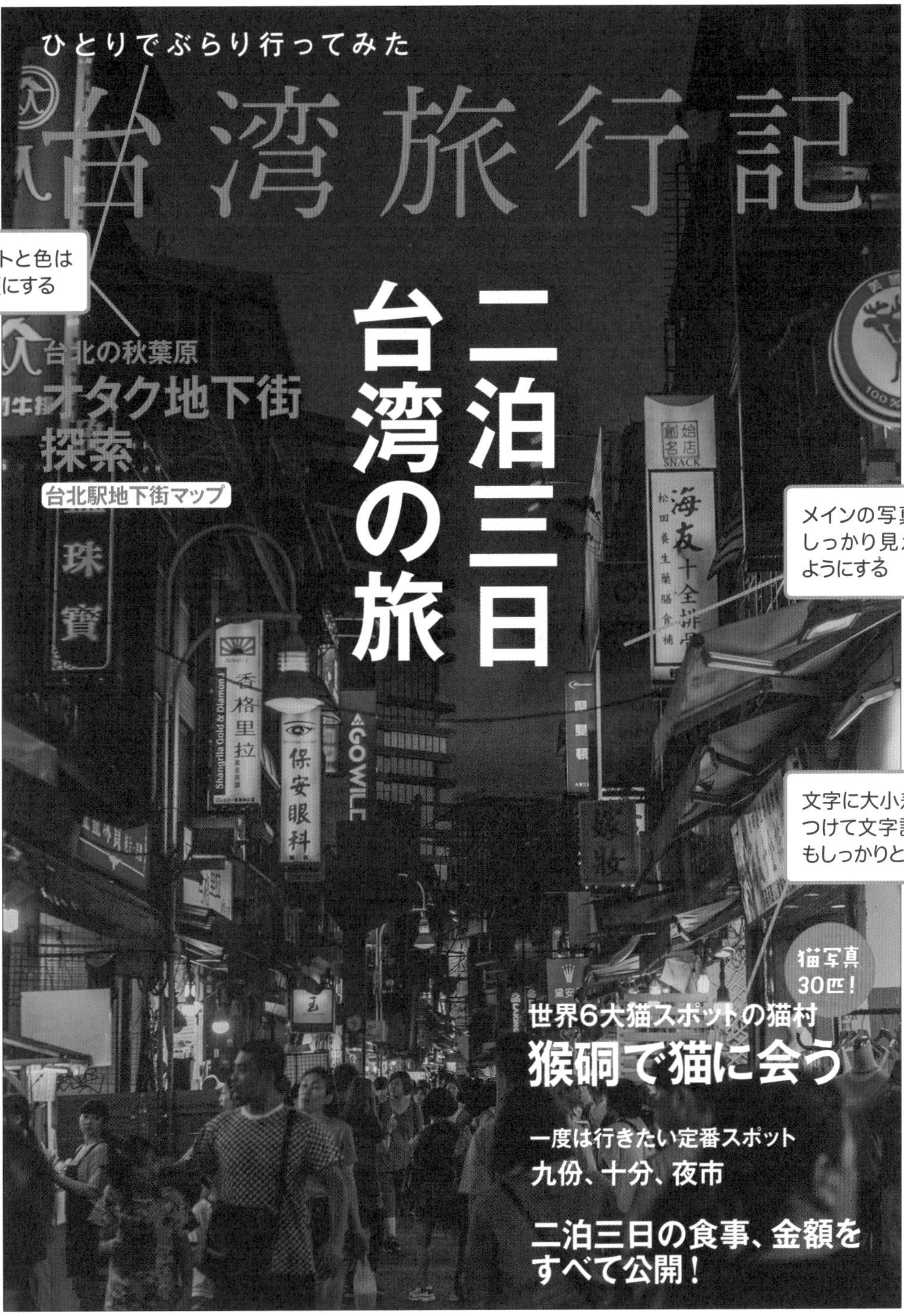

フォントと色は数種類にする

メインの写真をしっかり見えるようにする

文字に大小差をつけて文字詰めもしっかりと

情報を整理してメリハリをつける

雑誌のような表紙はどんなジャンルの同人誌でもよく見かけます。なかでも、旅行記のように表紙で伝えたい情報量が多いジャンルにも雑誌風の表紙は向いています。載せる情報を整理してメリハリをつけると雑誌風になり、旅行の雰囲気がより伝わります。

❗ポイント 文字の大きさに差をつけ、一文字ずつ文字詰めをする

ただ文字を配置するのではなく、情報の重要度によって文字の大きさに差をつけましょう。また、一文字ずつ文字を確認して文字詰め（カーニング）をすることも重要です。特にカタカナは漢字やひらがなより隙間が空いて見えてしまいます。雑誌風にしたいなら、しっかり詰めましょう。

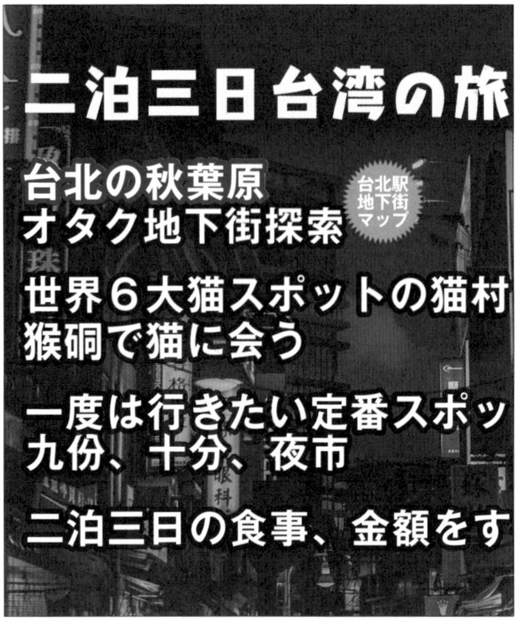

→

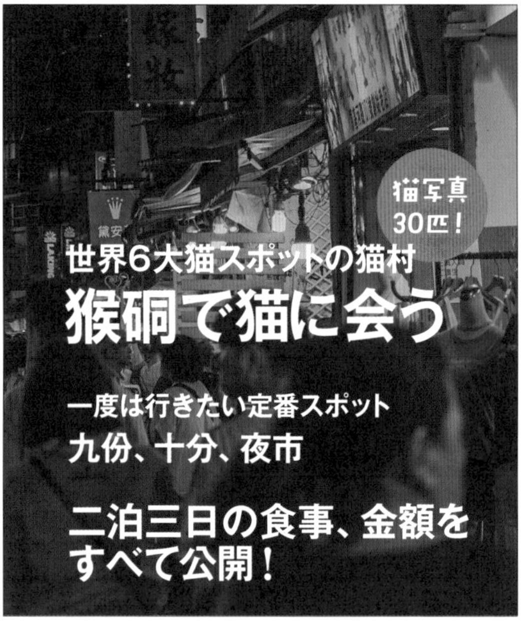

グリッドを使って写真を複数配置しても

116ページのBeforeのように画像を複数載せたいときは、グリッドで区切り、文字と画像のスペースをきっちり分けると配置しやすくなります。縦を二分割し、さらに下側を上下に二分割、横に四分割するのが簡単ですが、写真が増えると盛り沢山な印象を与えられます。

MAKING

1 表紙に載せる文字情報を特大、大、中、小に分けます。文字サイズは大40Q、中20Q、小15Q、特大はなりゆきにして、文字を配置します配置する（B5版の場合）。文字サイズは必ず同じ大きさではなく、増減して調整するのも可。

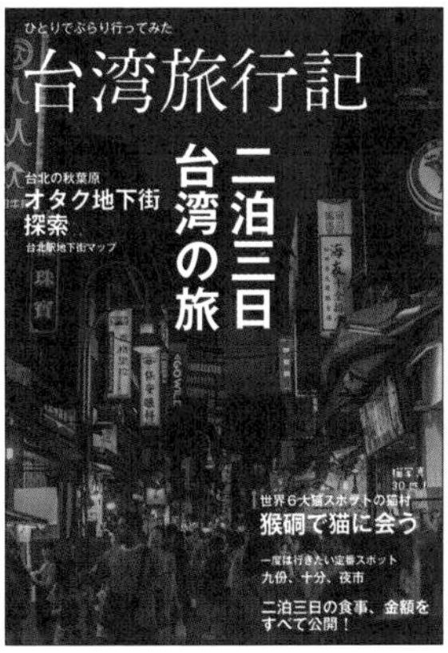

2 一文字ずつ文字を詰めます。文字を詰めたい箇所にカーソルを当て、Alt+←で調整をします。具体的な数値は文字によって違うため、最終的には目分量で決めます。

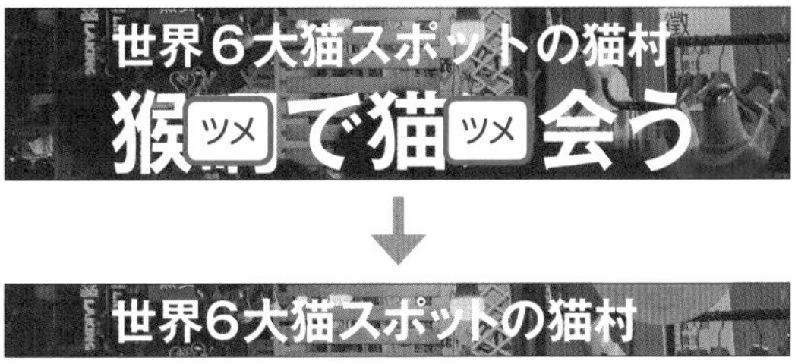

3 文字に色をつけます。使う色を2～3色程度にとどめ、目立たせたい部分に明るい色を使いましょう。

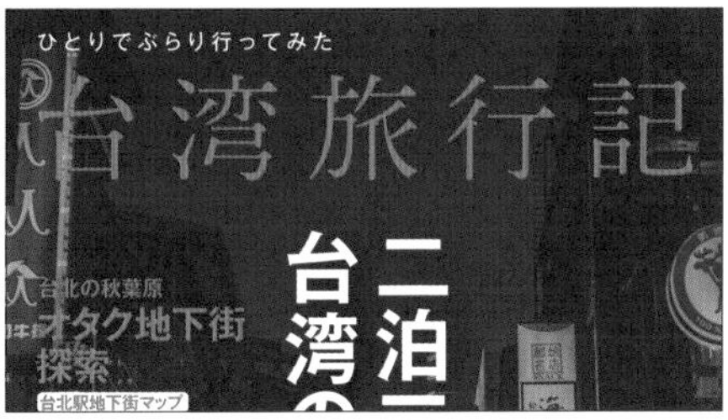

NG 文字の縁取りは控えめに

文字を縁取りすると読みやすくなりますが、あまり目立つと雰囲気が損なわれ、雑誌風のイメージから遠ざかってしまいます。基本的にはできるだけ読みやすい場所に文字を置き、右図のようにどうしても文字が読めないときに限って縁取りをしましょう。縁取りをする場合は、縁を細くするか光彩のようにぼかしを入れると見た目がよくなります。

COLUMN 03 配色お役立ちサイト

「色をCMYKの数値で考え色味の統一感を出す」(28ページ)で色の作り方を解説しましたが、もっとたくさんの配色のパターンを決めてくれるサイトがあります。デザインの色使いに悩んだときは利用してみてください。

Coolors

スペースキーを押すだけでランダムに配色が出てきます。アカウントを登録すれば配色を保存することも可能。
https://coolors.co/

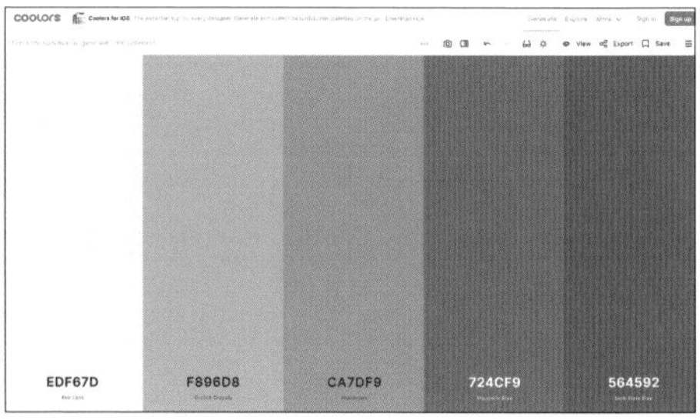

Adobe Color

カラーホイールを使って配色を決めることができます。類似色や補色など、配色のルールも決められます。
https://color.adobe.com/ja/create/color-wheel

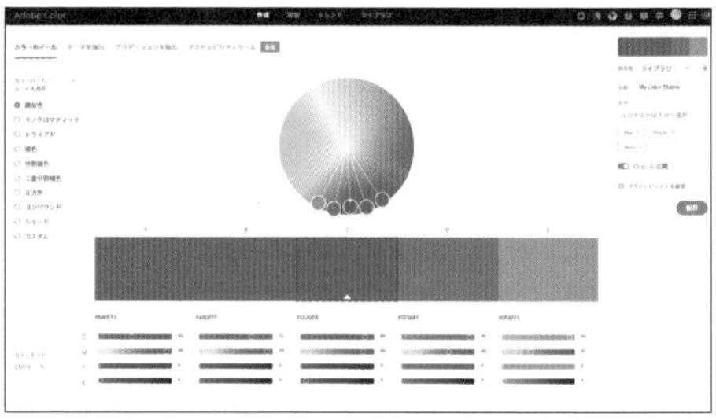

NIPPON COLORS

日本の伝統色を表示してくれるサイト。落ち着いた色味が多く、すべての色に名前がついているのが特徴です。
http://nipponcolors.com/

注意

どのサイトも色味がRGBで表示されるため、印刷物には即使えないという大きなデメリットがあります。色のアイデア出し程度に使うのがおすすめです。また、これらのサイトは近い色味をCMYKの数値で表示してくれるので、実際に使いたいときはその数値を使いましょう。

第5章

紙面デザインのアイデア&テクニック

1 余白のバランスをとって文章を読みやすくする

BEFORE

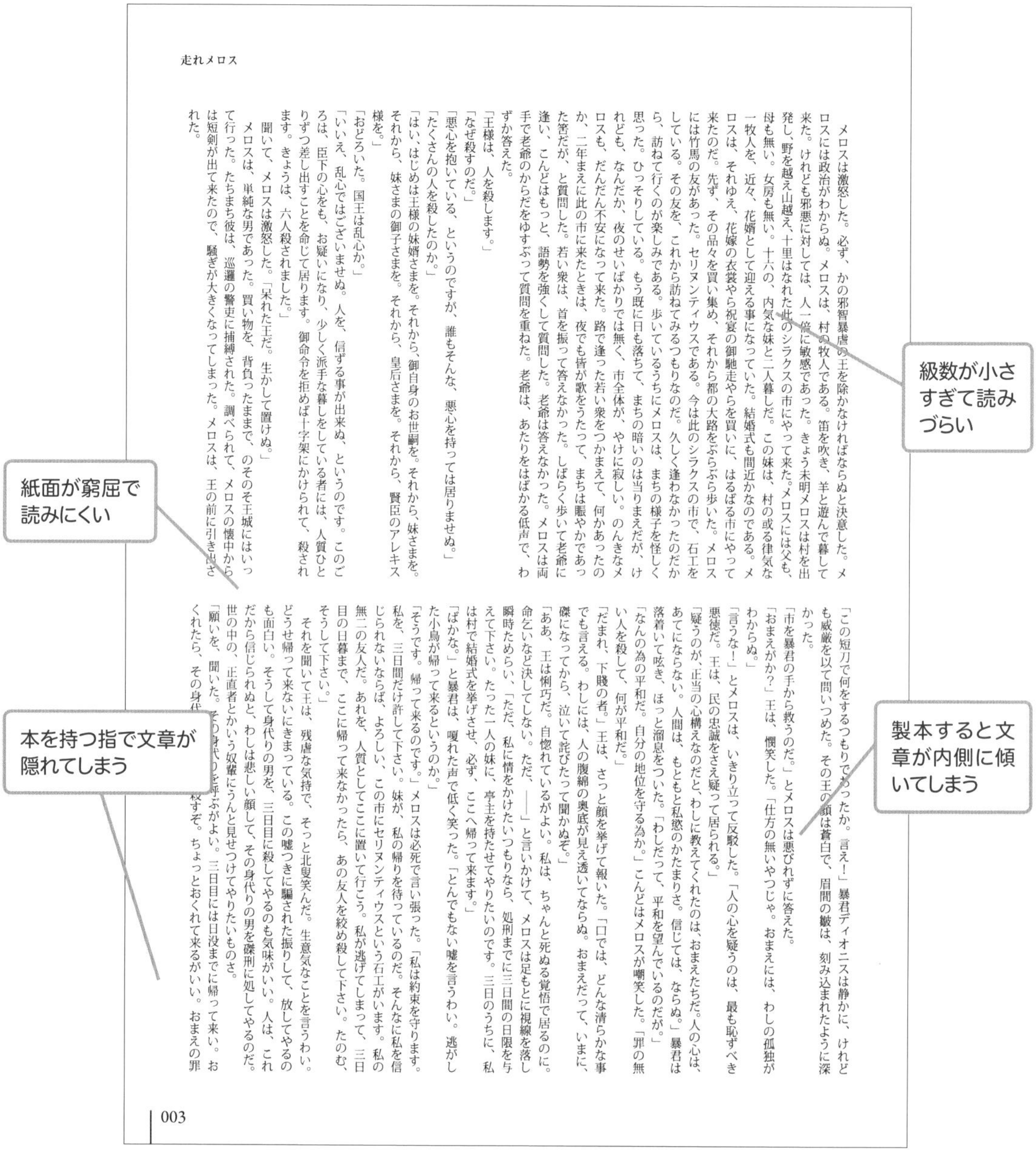

走れメロス

　メロスは激怒した。必ず、かの邪智暴虐の王を除かなければならぬと決意した。メロスには政治がわからぬ。メロスは、村の牧人である。笛を吹き、羊と遊んで暮して来た。けれども邪悪に対しては、人一倍に敏感であった。きょう未明メロスは村を出発し、野を越え山越え、十里はなれた此のシラクスの市にやって来た。メロスには父も、母も無い。女房も無い。十六の、内気な妹と二人暮しだ。この妹は、村の或る律気な一牧人を、近々、花婿として迎える事になっていた。結婚式も間近かなのである。メロスは、それゆえ、花嫁の衣裳やら祝宴の御馳走やらを買いに、はるばる市にやって来たのだ。先ず、その品々を買い集め、それから都の大路をぶらぶら歩いた。メロスには竹馬の友があった。セリヌンティウスである。今は此のシラクスの市で、石工をしている。その友を、これから訪ねてみるつもりなのだ。久しく逢わなかったのだから、訪ねて行くのが楽しみである。歩いているうちにメロスは、まちの様子を怪しく思った。ひっそりしている。もう既に日も落ちて、まちの暗いのは当りまえだが、けれども、なんだか、夜のせいばかりでは無く、市全体が、やけに寂しい。のんきなメロスも、だんだん不安になって来た。路で逢った若い衆をつかまえて、何かあったのか、二年まえに此の市に来たときは、夜でも皆が歌をうたって、まちは賑やかであった筈だが、と質問した。若い衆は、首を振って答えなかった。しばらく歩いて老爺に逢い、こんどはもっと、語勢を強くして質問した。老爺は答えなかった。メロスは両手で老爺のからだをゆすぶって質問を重ねた。老爺は、あたりをはばかる低声で、わずか答えた。
「王様は、人を殺します。」
「なぜ殺すのだ。」
「悪心を抱いている、というのですが、誰もそんな、悪心を持っては居りませぬ。」
「たくさんの人を殺したのか。」
「はい、はじめは王様の妹婿さまを。それから、御自身のお世嗣を。それから、妹さまを。それから、妹さまの御子さまを。それから、皇后さまを。それから、賢臣のアレキス様を。」
「おどろいた。国王は乱心か。」
「いいえ、乱心ではございませぬ。人を、信ずる事が出来ぬ、というのです。このごろは、臣下の心をも、お疑いになり、少しく派手な暮しをしている者には、人質ひとりずつ差し出すことを命じて居ります。御命令を拒めば十字架にかけられて、殺されます。きょうは、六人殺されました。」
　聞いて、メロスは激怒した。「呆れた王だ。生かして置けぬ。」
　メロスは、単純な男であった。買い物を、背負ったままで、のそのそ王城にはいって行った。たちまち彼は、巡邏の警吏に捕縛された。調べられて、メロスの懐中からは短剣が出て来たので、騒ぎが大きくなってしまった。メロスは、王の前に引き出された。
「この短刀で何をするつもりであったか。言え！」暴君ディオニスは静かに、けれども威厳を以て問いつめた。その王の顔は蒼白で、眉間の皺は、刻み込まれたように深かった。
「市を暴君の手から救うのだ。」とメロスは悪びれずに答えた。
「おまえがか？」王は、憫笑した。「仕方の無いやつじゃ。おまえには、わしの孤独がわからぬ。」
「言うな！」とメロスは、いきり立って反駁した。「人の心を疑うのは、最も恥ずべき悪徳だ。王は、民の忠誠をさえ疑って居られる。」
「疑うのが、正当の心構えなのだと、わしに教えてくれたのは、おまえたちだ。人の心は、あてにならない。人間は、もともと私慾のかたまりさ。信じては、ならぬ。」暴君は落着いて呟き、ほっと溜息をついた。「わしだって、平和を望んでいるのだが。」
「なんの為の平和だ。自分の地位を守る為か。」こんどはメロスが嘲笑した。「罪の無い人を殺して、何が平和だ。」
「だまれ、下賤の者。」王は、さっと顔を挙げて報いた。「口では、どんな清らかな事でも言える。わしには、人の腹綿の奥底が見え透いてならぬ。おまえだって、いまに、磔になってから、泣いて詫びたって聞かぬぞ。」
「ああ、王は悧巧だ。自惚れているがよい。私は、ちゃんと死ぬる覚悟で居るのに。命乞いなど決してしない。ただ、——」と言いかけて、メロスは足もとに視線を落し瞬時ためらい、「ただ、私に情をかけたいつもりなら、処刑までに三日間の日限を与えて下さい。たった一人の妹に、亭主を持たせてやりたいのです。三日のうちに、私は村で結婚式を挙げさせ、必ず、ここへ帰って来ます。」
「ばかな。」と暴君は、嗄れた声で低く笑った。「とんでもない嘘を言うわい。逃がした小鳥が帰って来るというのか。」
「そうです。帰って来るのです。」メロスは必死で言い張った。「私は約束を守ります。私を、三日間だけ許して下さい。妹が、私の帰りを待っているのだ。そんなに私を信じられないならば、よろしい、この市にセリヌンティウスという石工がいます。私の無二の友人だ。あれを、人質としてここに置いて行こう。私が逃げてしまって、三日目の日暮まで、ここに帰って来なかったら、あの友人を絞め殺して下さい。たのむ、そうして下さい。」
　それを聞いて王は、残虐な気持で、そっと北叟笑んだ。生意気なことを言うわい。どうせ帰って来ないにきまっている。この嘘つきに騙された振りして、放してやるのも面白い。そうして身代りの男を、三日目に殺してやるのも気味がいい。人は、これだから信じられぬと、わしは悲しい顔して、その身代りの男を磔刑に処してやるのだ。世の中の、正直者とかいう奴輩にうんと見せつけてやりたいものさ。
「願いを、聞いた。その身代りを呼ぶがよい。三日目には日没までに帰って来い。おくれたら、その身代 殺すぞ。ちょっとおくれて来るがいい。おまえの罪

003

小説本の本文フォーマットを作ったけど

文章が読みにくい…

AFTER

文字のバランスと余白を調節して読みやすい文章に！

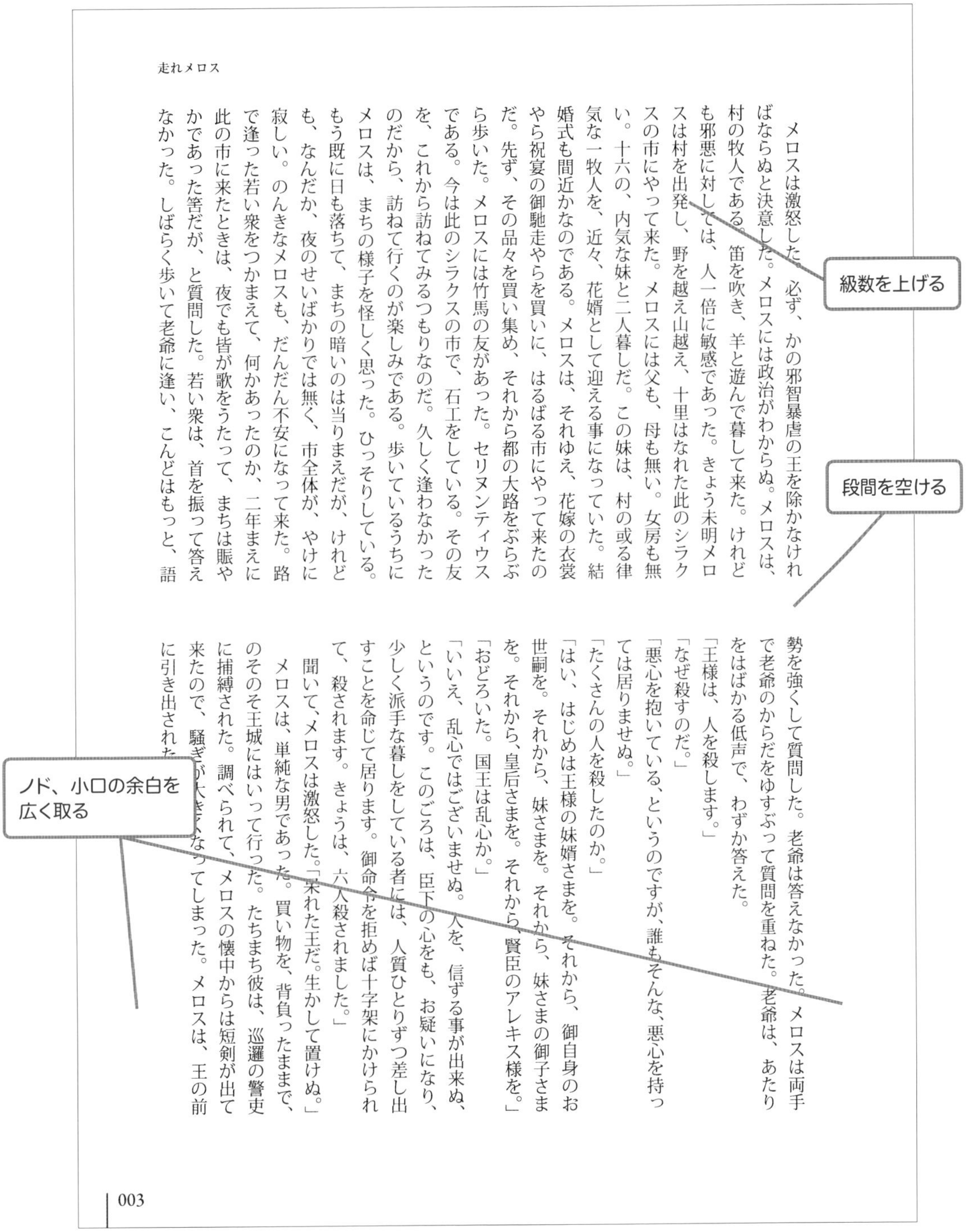
走れメロス

メロスは激怒した。必ず、かの邪智暴虐の王を除かなければならぬと決意した。メロスには政治がわからぬ。メロスは、村の牧人である。笛を吹き、羊と遊んで暮して来た。けれども邪悪に対しては、人一倍に敏感であった。きょう未明メロスは村を出発し、野を越え山越え、十里はなれた此のシラクスの市にやって来た。メロスには父も、母も無い。女房も無い。十六の、内気な妹と二人暮しだ。この妹は、村の或る律気な一牧人を、近々、花婿として迎える事になっていた。結婚式も間近かなのである。メロスは、それゆえ、花嫁の衣裳やら祝宴の御馳走やらを買いに、はるばる市にやって来たのだ。先ず、その品々を買い集め、それから都の大路をぶらぶら歩いた。メロスには竹馬の友があった。セリヌンティウスである。今は此のシラクスの市で、石工をしている。その友を、これから訪ねてみるつもりなのだ。久しく逢わなかったのだから、訪ねて行くのが楽しみである。歩いているうちにメロスは、まちの様子を怪しく思った。ひっそりしている。もう既に日も落ちて、まちの暗いのは当りまえだが、けれども、なんだか、夜のせいばかりでは無く、市全体が、やけに寂しい。のんきなメロスも、だんだん不安になって来た。路で逢った若い衆をつかまえて、何かあったのか、二年まえに此の市に来たときは、夜でも皆が歌をうたって、まちは賑やかであった筈だが、と質問した。若い衆は、首を振って答えなかった。しばらく歩いて老爺に逢い、こんどはもっと、語勢を強くして質問した。老爺は答えなかった。メロスは両手で老爺のからだをゆすぶって質問を重ねた。老爺は、あたりをはばかる低声で、わずか答えた。
「王様は、人を殺します。」
「なぜ殺すのだ。」
「悪心を抱いている、というのですが、誰もそんな、悪心を持っては居りませぬ。」
「たくさんの人を殺したのか。」
「はい、はじめは王様の妹婿さまを。それから、御自身のお世嗣を。それから、妹さまを。それから、妹さまの御子さまを。それから、皇后さまを。それから、賢臣のアレキス様を。」
「おどろいた。国王は乱心か。」
「いいえ、乱心ではございませぬ。人を、信ずる事が出来ぬ、というのです。このごろは、臣下の心をも、お疑いになり、少しく派手な暮しをしている者には、人質ひとりずつ差し出すことを命じて居ります。御命令を拒めば十字架にかけられて、殺されます。きょうは、六人殺されました。」
　聞いて、メロスは激怒した。「呆れた王だ。生かして置けぬ。」
　メロスは、単純な男であった。買い物を、背負ったままで、のそのそ王城にはいって行った。たちまち彼は、巡邏の警吏に捕縛された。調べられて、メロスの懐中からは短剣が出て来たので、騒ぎが大きくなってしまった。メロスは、王の前に引き出された。

003

文章ものの本文ページは余白をしっかりとる

小説などの文章ものの同人誌はただ文章を詰め込むのでなく、余白や級数を調整すると読みやすくなります。明確な決まりはありませんが、できるだけ余白や行間に余裕を持たせ級数も小さすぎず、読んでいて疲れにくい紙面にすると読者に親切になります。

❗ポイント 天、地、段間、小口、ノドの余白を最初に決める

画面上で見ていると気付きにくいですが、紙面の余白が狭いと本になったとき文章が読みづらくなります。A5本の場合、天地（上下）は最低15mm、段間は最低8mm、小口（外側）、ノド（内側）は最低15mmが目安となります。ほとんどのソフトで設定可能なため、文章を紙面に落とし込むときは最初にフォーマット制作に時間を割きましょう。

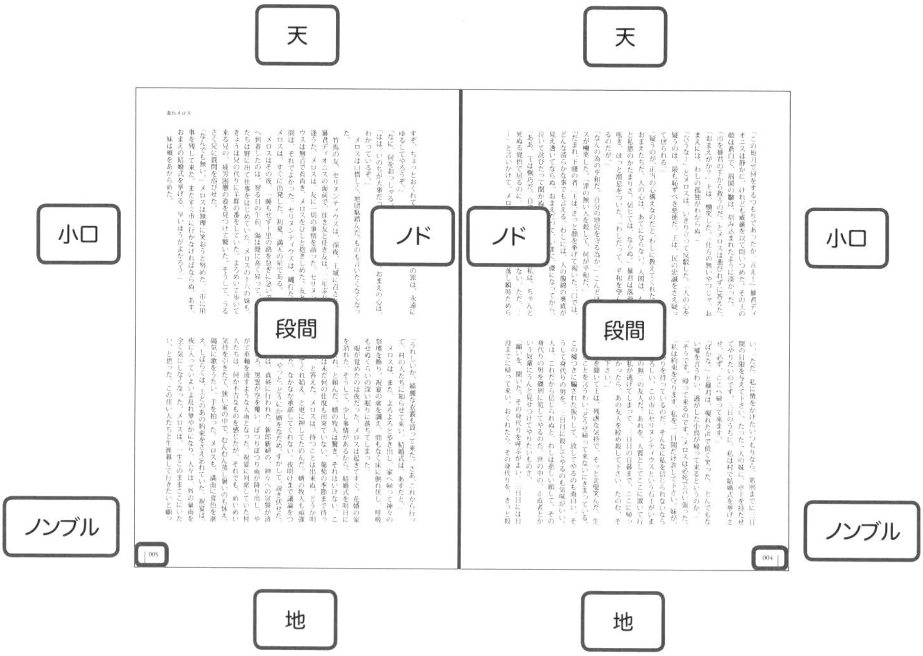

段組みは一段か二段か

1行の文字数が約40文字を越えると、どの行を読んでいるかわかりにくくなります（右図参照）。そのため、文字数が多くなる場合は二段組みにしたほうが読みやすくなります。同人誌の小説で多いA5は12Q～13Qだと一段あたり50文字を越えるため、二段組みが適しています。A6(文庫サイズ)、新書サイズ、B6は判型が小さいため、一段が適しています。

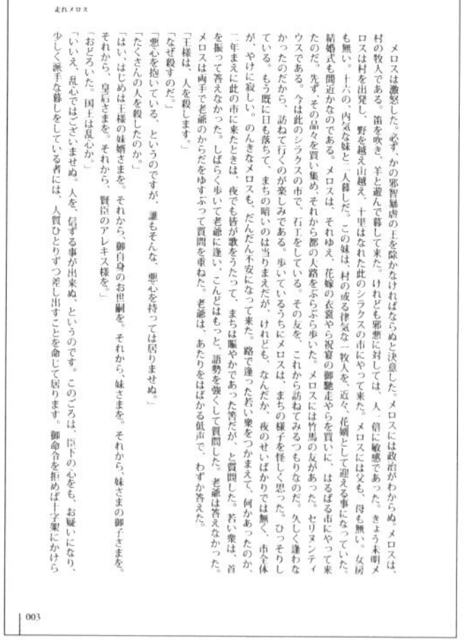

MAKING

1 A5サイズのファイルを作り、フォーマットの設定を以下の通りにします。今回はInDesignを使用していますが、設定ができるソフトなら何でもOKです。

❶サイズ：12Q
❷行間：8H
❸行分字数：27
❹行数：23
❺段数：2
❻天：18mm
❼ノド：20mm
❽地：20mm
❾小口：15mm

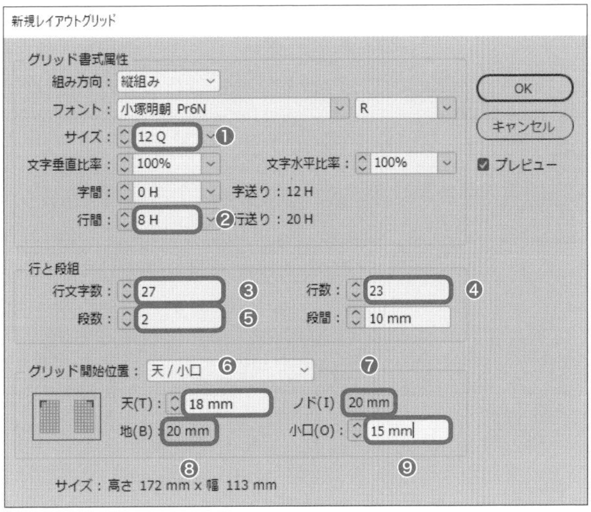

2 文章を流し込み、左ページの上にタイトルを入れます。入れるときは本文とある程度離して小さめに配置します。

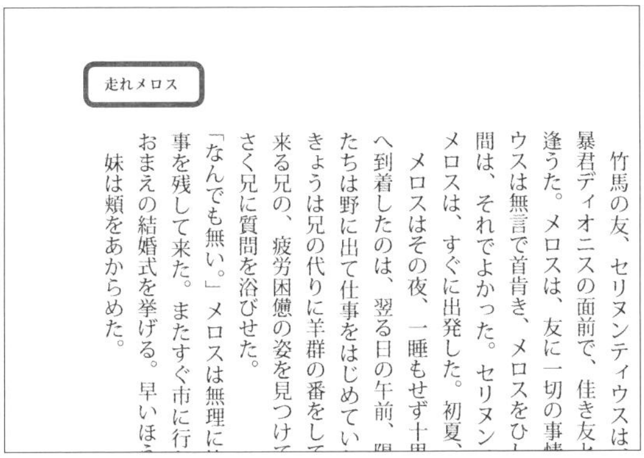

3 両端にノンブルを入れます。本文の明朝体と同じフォントにするより、欧文のセリフ体のフォントにするとより見た目がよくなります。

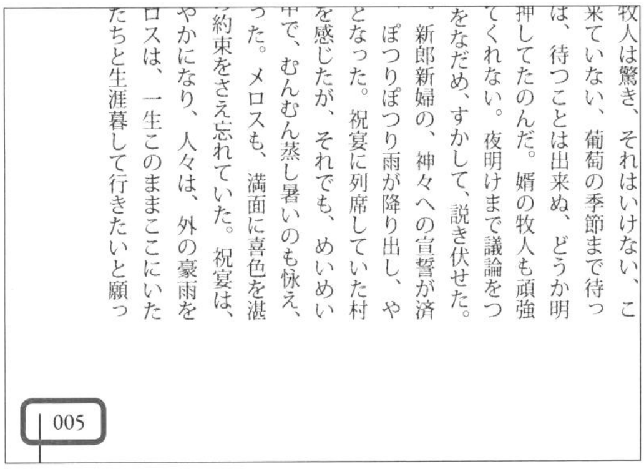

MEMO 無料の文章作成ソフトはたくさんある

小説などの文章ものの本文ページを作成できるソフトは無料、有料ともに沢山あります。フリーソフトならApache OpenOfficeのWriterや、縦書きエディターであるTATEditorのふたつはフォーマットの設定から入稿データ作成まで可能です。有料ソフトなら定番のMicrosoft Wordや一太郎があります。フリーソフトだけでも作成は可能ですが、物足りなくなったら有料ソフトを検討してみましょう。

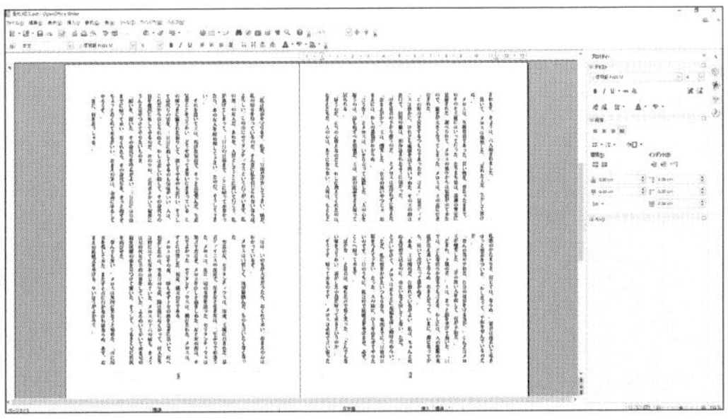

2 見出しに飾りを入れて目をひく紙面にする

BEFORE

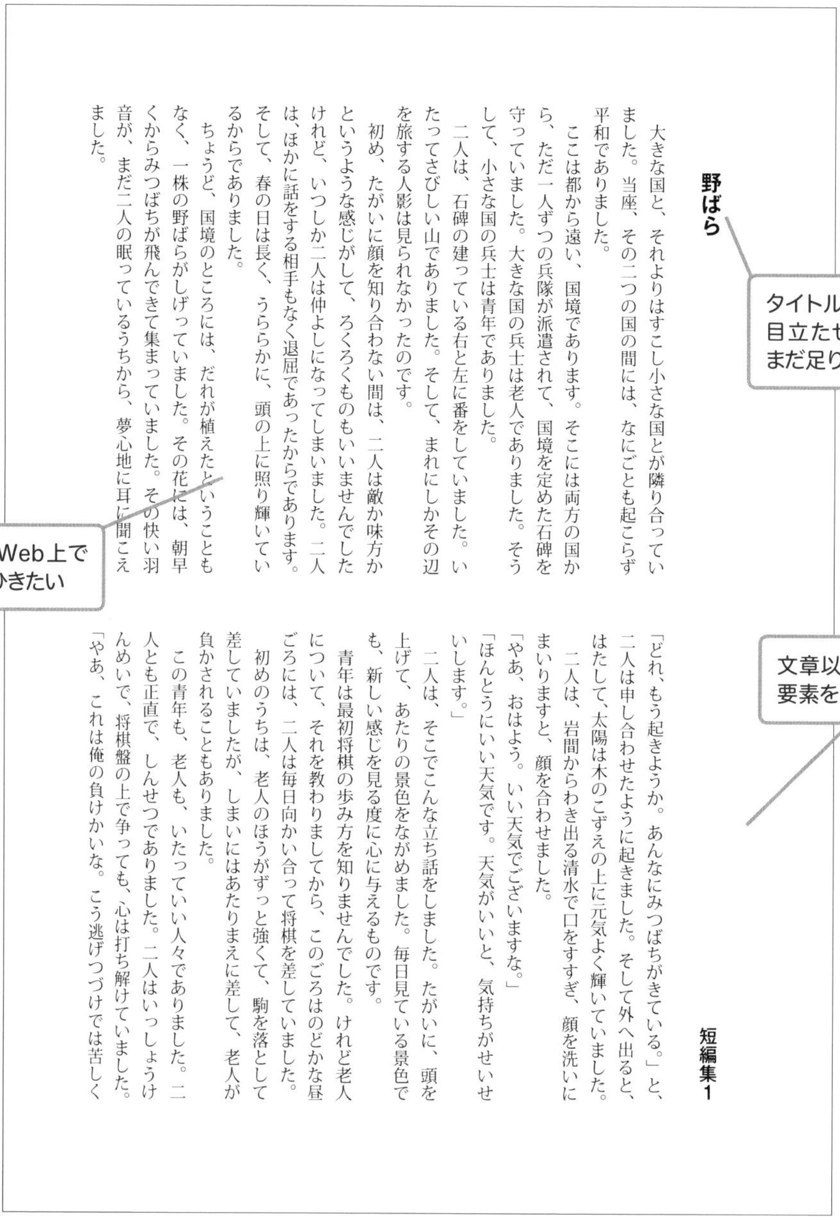

野ばら

大きな国と、それよりはすこし小さな国とが隣り合っていました。当座、その二つの国の間には、なにごとも起こらず平和でありました。

ここは都から遠い、国境であります。そこには両方の国から、ただ一人ずつの兵隊が派遣されて、国境を定めた石碑を守っていました。大きな国の兵士は老人でありました。そうして、小さな国の兵士は青年でありました。

二人は、石碑の建っている右と左に番をしていました。いたってさびしい山でありました。そして、まれにしかその辺を旅する人影は見られなかったのです。

初め、たがいに顔を知り合わない間は、二人は敵か味方かというような感じがして、ろくろくものもいいませんでしたけれど、いつしか二人は仲よしになってしまいました。二人は、ほかに話をする相手もなく退屈であったからであります。そして、春の日は長く、うららかに、頭の上に照り輝いているからでありました。

ちょうど、国境のところには、だれが植えたということもなく、一株の野ばらがしげっていました。その花には、朝早くからみつばちが飛んできて集まっていました。その快い羽音が、まだ二人の眠っているうちから、夢心地に耳に聞こえました。

「どれ、もう起きようか。あんなにみつばちがきている。」と、二人は申し合わせたように起きました。そして外へ出ると、はたして、太陽は木のこずえの上に元気よく輝いていました。

二人は、岩間からわき出る清水で口をすすぎ、顔を洗いにまいりますと、顔を合わせました。

「やあ、おはよう。いい天気でございますな。」

「ほんとうにいい天気です。天気がいいと、気持ちがせいせいします。」

二人は、そこでこんな立ち話をしました。たがいに、頭を上げて、あたりの景色をながめました。毎日見ている景色でも、新しい感じを見る度に心に与えるものです。

青年は最初将棋の歩み方を知りませんでした。けれど老人について、それを教わりましてから、このごろはのどかな昼ごろには、二人は毎日向かい合って将棋を差していました。

初めのうちは、老人のほうがずっと強くて、駒を落として差していましたが、しまいにはあたりまえに差して、老人が負かされることもありました。

この青年も、老人も、いたっていい人々でありました。二人とも正直で、しんせつでありました。二人はいっしょうけんめいで、将棋盤の上で争っても、心は打ち解けていました。

「やあ、これは俺の負けかいな。こう逃げつづけでは苦しく

短編集1

一般的な小説のフォーマットだけど
もう少し目立たせて目をひかせたい…

AFTER

見出しに目立つ要素を入れて SNSや立ち読みで目がひくように！

どうか、もうしばらくいてください。
そのうちには、春がきます。

野ばら

SHORT STORY 01

大きな国と、それよりはすこし小さな国とが隣り合っていました。当座、その二つの国の間には、なにごとも起こらず平和でありました。

ここは都から遠い、国境であります。そこには両方の国から、ただ一人ずつの兵隊が派遣されて、国境を定めた石碑を守っていました。大きな国の兵士は老人でありました。そうして、小さな国の兵士は青年でありました。

二人は、石碑の建っている右と左に番をしていました。いたってさびしい山でありました。そして、まれにしかその辺を旅する人影は見られなかったのです。

初め、たがいに顔を知り合わない間は、二人は敵か味方かというような感じがして、ろくろくものもいいませんでしたけれど、いつしか二人は仲よしになってしまいました。二人は、ほかに話をする相手もなく退屈であったからであります。そして、春の日は長く、うららかに、頭の上に照り輝いているからでありました。

ちょうど、国境のところには、だれが植えたということもなく、一株の野ばらがしげっていました。その花には、朝早くからみつばちが飛んできて集まっていました。その快い羽音が、まだ二人の眠っているうちから、夢心地に耳に聞こえました。

「どれ、もう起きようか。あんなにみつばちがきている。」と、二人は申し合わせたように起きました。そして外へ出ると、はたして、太陽は木のこずえの上に元気よく輝いていました。

二人は、岩間からわき出る清水で口をすすぎ、顔を洗いにまいりますと、顔を合わせました。

「やあ、おはよう。いい天気でございますな。」

「ほんとうにいい天気です。天気がいいと、気持ちがせいせいします。」

二人は、そこでこんな立ち話をしました。たがいに、頭を

見出しを目立たせて読者の目をひく

小説など本文ページが基本的に文字のみの同人誌であっても、見出しにタイトル以外の要素を追加して目立たせるだけで印象がぐっと変わります。手間はかかりますが、SNSで宣伝するときやイベントで立ち読みしてもらうときに、ビジュアルで訴えかけることができます。

❗ポイント 作品や章ごとに画像やキャッチを入れる

作品の見出し（タイトルを入れる部分）のスペースを3分の1～2分の1くらい大幅に取り、大きめのタイトルを入れて目立たせます。物語に関連した画像やキャッチコピーなども入れると、ぱっと見で大まかな内容が伝わり、より効果的です。余裕があれば章ごとに画像を変えてみてもいいかもしれません。

野ばら

大きな国と、それよりはすこし小さな国とが隣り合っていました。当座、その二つの国の間には、なにごとも起こらず平和でありました。
ここは都から遠い、国境であります。そこには両方の国から、ただ一人ずつの兵隊が派遣されて、国境を定めた石碑を守っていました。大きな国の兵士は老人でありました。そうして、小さな国の兵士は青年でありました。
二人は、石碑の建っている右と左に番をしていました。いたってさびしい山でありました。そして、まれにしかその辺を旅する人影は見られなかったのです。
初め、たがいに顔を知り合わない間は、二人は敵か味方かというような感じがして、ろくろくものもいいませんでしたけれど、いつしか二人は仲よしになってしまいました。二人は、ほかに話をする相手もなく退屈であったからであります。そして、春の日は長く、うららかに、頭の上に照り輝いているからでありました。
ちょうど、国境のところには、だれが植えたということもなく、一株の野ばらがしげっていました。その花には、朝早

「どれ、もう起きよう
二人は申し合わせた
はたして、太陽は木の
二人は、岩間から
まいりますと、顔を
「やあ、おはよう。
「ほんとうにいい天
いします。」
二人は、そこでこ
上げて、あたりの景
も、新しい感じを見
青年は最初将棋の
について、それを教
ごろには、二人は毎
初めのうちは、老
差していましたが、
負かされることもあ
この青年も、老人

野ばら

どうか、もうしばらくいてください。
そのうちには、春がきます。

SHORT STORY 01

大きな国と、それよりはすこし小さな国とが隣り合っていました。当座、その二つの国の間には、なにごとも起こらず平和でありました。
ここは都から遠い、国境であります。そこには両方の国から、ただ一人ずつの兵隊が派遣されて、国境を定めた石碑を守っていました。大きな国の兵士は老人でありました。そうして、小さな国の兵士は青年でありました。
二人は、石碑の建っている右と左に番をしていました。いたってさびしい山でありました。そして、まれにしかその辺を旅する人影は見られなかったのです。
初め、たがいに顔を知り合わない間は、二人は敵か味方か

るからでありました
ちょうど、国境の
なく、一株の野ばら
くからみつばちが飛
音が、まだ二人の眠
ました。
「どれ、もう起きよう
二人は申し合わせた
はたして、太陽は木の
二人は、岩間から
まいりますと、顔を

線を入れるだけでも効果的

画像を入れた見出しは文章作成ソフトだけでは作れません。Photoshopなどの画像編集ソフトが必要です。もし、画像やソフトを使うのが困難な場合は、見出しの範囲に線を引いてみるだけでも印象は変わります。上下に引いてみたり、文字の横に引いてみたりして、少しでも目立たせてみましょう。

SHORT STORY 01

野ばら

Wild rose

どうか、もうしばらくいてください。
そのうちには、春がきます。

大きな国と、それよりはすこし小さな国とが隣り合っていました。当座、その二つの国の間には、なにごとも起こらず平和でありました。
ここは都から遠い、国境であります。そこには両方の国から、ただ一人ずつの兵隊が派遣されて、国境を定めた石碑を守っていました。大きな国の兵士は老人でありました。そうして、小さな国の兵士は青年でありました。
二人は、石碑の建っている右と左に番をしていました。いたってさびしい山でありました。そして、まれにしかその辺を旅する人影は見られなかったのです。
初め、たがいに顔を知り合わない間は、二人は敵か味方かというような感じがして、ろくろくものもいいませんでしたけれど、いつしか二人は仲よしになってしまいました。二人は、ほかに話をする相手もなく退屈であったからであります。そして、春の日は長く、うららかに、頭の上に照り輝いているからでありました。
ちょうど、国境のところには、だれが植えたということもなく、一株の野ばらがしげっていました。その花には、朝早くからみつばちが飛んできて集まっていました。その快い羽音が、まだ二人の眠っているうちから、夢心地に耳に聞こえました。
「どれ、もう起きようか。あんなにみつばちがきている。」と、二人は申し合わせたように起きました。そして外へ出ると、はたして、太陽は木のこずえの上に元気よく輝いていました。
二人は、岩間からわき出る清水で口をすすぎ、顔を洗いにまいりますと、顔を合わせました。
「やあ、おはよう。いい天気でございますな。」
「ほんとうにいい天気です。天気がいいと、気持ちがせいせいします。」
二人は、そこでこんな立ち話をしました。たがいに、頭を

MAKING

1 縦216mm横36mmの新規ファイル（本文ページA5サイズの場合）を作り、物語に関連する画像を配置します。画像にレイヤーマスクを作り、マスクにグラデーションツールで左から右にかけて黒→白のグラデーションを引き、画像の左側を白くします。画像の不透明度を「60%」にし、やや薄くします。

2 **1**の画像を本文ページに配置し、画像の上にタイトルを入れます。タイトルの大きさに決まりはありませんが、目立たせることを意識します。タイトルの英文表記を下に入れるとより雰囲気が出ます。

3 タイトルの隣に本文中に出てくるセリフを入れます。作品やその章の内容を紹介するようなキャッチコピーでも可。長くなるとくどくなるので2行くらいに留めます。

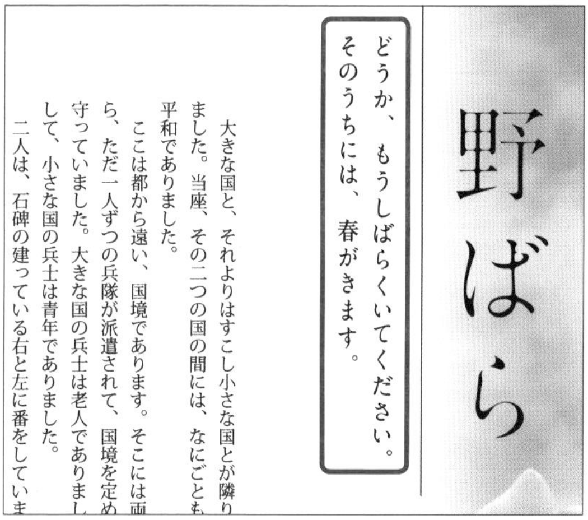

MEMO 扉ページを目立たせてもいい

各章の見出しではなく、丸々1ページ使える扉ページを目立たせる方法もあります。小説の場合、商業誌でもあまりない手法ですが、やってはいけないわけではありません。一般書のように自由にデザインしてみましょう。

3 ガイドでグリッド状に情報を整理する

BEFORE

part1　まずはPhotoshopに触れよう

01 ねこを切り抜いて合成する

対応 Photoshop CC 以降　時間 15分

ねこの切り抜きは毛が細かいため一見難しそうだが、
最近は選択ツールの機能向上でだいぶ自然な切り抜きが可能に。
合成写真で家猫をいろんな場所に連れて行ってあげよう。

1. ねこを撮影する

まずは素材にするねこを撮影する。カメラはスマホで十分だが、ねこが全身入るように気をつける。ねこの目線が欲しいときはカメラを持つ反対の手をカメラの上あたりでわしゃわしゃしてねこの気を引く。

よくない写真の撮り方

全身が入っていない

全身入っているがお腹が見えて寝ている感が強く、合成後不自然になる

おもちゃが猫に触れてしまい手もぶれてしまっている

25　ねこでもできる Photoshop

色を引いてレイアウトしたものの
まとまりがなく読みにくい…

AFTER

グリッド状に整理すれば
レイアウトがきれいになって読みやすく！

part1　まずはPhotoshopに触れよう

01 ねこを切り抜いて合成する

対応 Photoshop CC 以降　　時間 15分

ねこの切り抜きは毛が細かいため一見難しそうだが、最近は選択ツールの機能向上でだいぶ自然な切り抜きが可能に。合成写真で家猫をいろんな場所に連れて行ってあげよう。

1. ねこを撮影する

まずは素材にするねこを撮影する。カメラはスマホで十分だが、ねこが全身入るように気をつける。ねこの目線が欲しいときはカメラを持つ反対の手をカメラの上あたりでわしゃわしゃしてねこの気を引
。

よくない写真の撮り方

全身が入っていない

全身入っているがお腹が見えて寝ている感が強く、合成後不自然になる

おもちゃが猫に触れてしまい手もぶれてしまっている

25　ねこでもできる Photoshop

グリッドデザインで読みやすい本文ページを作る

グリッドデザインとは、縦横にガイドを引き格子状にして要素や余白のレイアウトを構成し、それに沿って文字や画像を配置する手法です。雑誌や新聞によく使われています。グリッドデザインにすることにより各要素がしっかりと揃うため、見た目がとてもよくなります。細かい本文ページを作るときは必ず意識しましょう。

ポイント 一本ずつガイドを引いてフォーマットを作る

まずは天地左右に余白ができるようにガイドを引き、次に縦に二等分、横に三等分というように、分割したい数に合わせて縦横に等間隔でガイドを引きます。最後は必要に応じてガイドを増やします。最後のガイドの幅は、ある程度感覚的に決めてOKです。仕上げにガイドに沿って文字や画像を配置します。なおガイドは印刷されないので、残したまま入稿しても問題ありません。

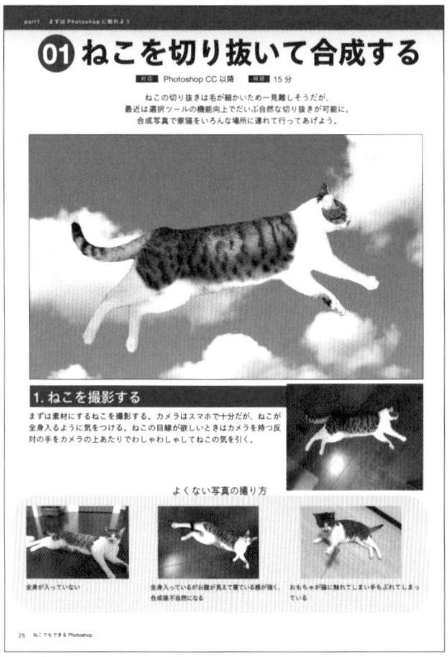

目立たせたいときはガイドを無視

グリッドデザインは情報がまとまり読みやすくなりますが、その分レイアウトが大人しくなってしまいます。ある画像を目立たせたいときなど、特別な場合に限っては、思い切ってガイドを無視した箇所があってもいいかもしれません。

MAKING

1 小口（外側）から20mm、ノド（内側）から25mmの箇所にガイドを引きます（B5の場合）。「メニュー」→「表示」→「定規」を選択します。上と左に数字の書いてある定規が出てくるので、定規を押しながらドラッグするとガイドが引けます。続けて天（上）から15mm、地（下）から20mmの箇所にガイドを引きます。

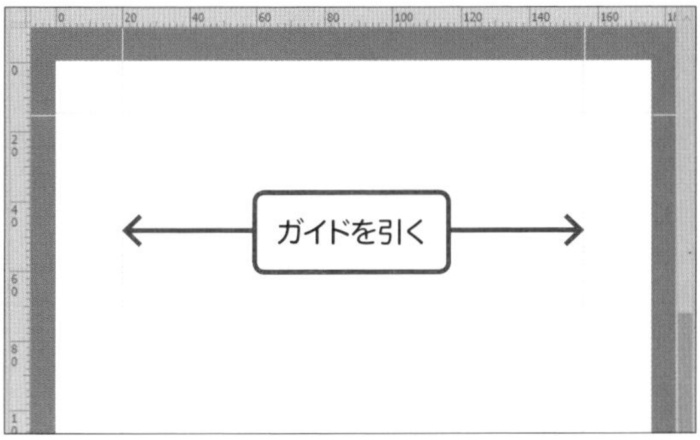

2 分割したい数を決めます。今回は下側に写真を3点載せたいため3分割にし、画像を並べている箇所のガイドを引きます。各画像の横幅と画像のあいだの余白をそれぞれ同じ幅にします。

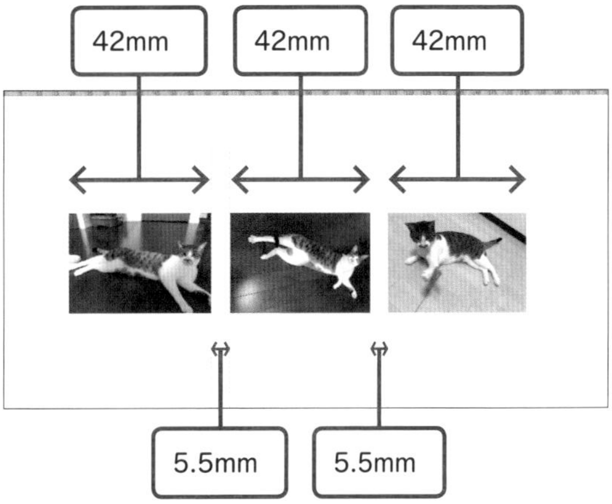

3 横方向のガイドを引きます。ここでは見出し部分の幅は12mm、対応バージョン・時間の記載部分は3mm、リード文は10mmになるようにします。また、文字の間は3mm以上の余白を作ると読みやすくなります。ガイドを引き終わったら、文字や画像をガイドにぴったり合わせて配置します。

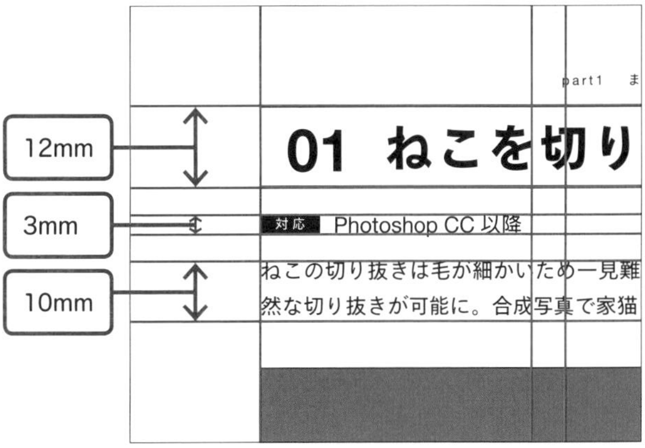

MEMO 表紙にもグリッドデザインは使える

ここでは本文ページを作成する際の技法としてグリッドデザインを紹介しましたが、グリッドデザイン自体は表紙にも応用できます。特に、画像や情報量が多いときは、グリッドデザインを使うとまとまりが出やすいのでおすすめです。すべての要素をグリッドにぴったり合わせる必要はありませんが、右図のように常にガイドを引く癖をつけておくと、デザインの見た目のクオリティがアップします。

4 レイアウトを変化させて食べ物の魅力を伝える

BEFORE

原稿中でも作れちゃう!

時短パスタレシピ 10

原稿中はどうしても自炊に手が回らず適当になってしまいがち。でもパスタなら簡単でバリエーションも豊富。さっとできちゃうパスタレシピを10点あつめてみました。具を茹でている最中に作ればほとんど制作時間は10分くらいの超時短です!

カルボナーラ

材料/1人前
パスタ 100g
ベーコン 25g
オリーブオイル　大さじ1
卵黄　1個
生クリーム　40ml
パルメザンチーズ　大さじ1
ブラックペッパー　適宜
塩　適宜

作り方
1. ベーコンを1cmぐらいに切り、フライパンにオリーブオイルをひいて熱し、カリカリになったら取りだす。
2. ボールに卵黄、生クリーム、パルメザンチーズ、ブラックペッパーを加えて混ぜ、1を加える。
3. 茹で上がったパスタと2をフライパンに入れて混ぜ合わせて完成。

あまり写真が目立たない

明太子とコーンのパスタ

材料/1人前
パスタ 100g
明太子 40g
マヨネーズ 大さじ1
めんつゆ 大さじ1
バター 10g
塩 適宜
刻み海苔 適量
コーン 適量

作り方
1. 明太子、マヨネーズ、めんつゆ、バターをボウルに入れ混ぜ合わせる。
2. 茹でたパスタに1と刻み海苔とコーンをのせて完成。

レイアウトが単調で面白みに欠ける

トマトパスタ

材料/1人前
パスタ 100g
たまねぎ 1/4個
ベーコン 100g
トマト缶 1/2缶
オリーブオイル 大さじ2
にんにく 1/2片
コンソメ 1/2キューブ
塩 適宜

作り方
1.ベーコンは1cm幅くらい、玉ねぎは薄切りにする。
2.フライパンにオリーブオイル、にんにくを入れ、玉ねぎとベーコンを炒めてトマト缶を加え混ぜる。コンソメと塩こしょうを入れ、5分ほど煮込む。
3.パスタを茹で、トマトソースを混ぜ合わせて完成。

文字のあしらいが野暮ったい

読みやすいレイアウトだけど単調で紙面が面白みに欠ける…

AFTER

写真の大きさやレイアウトに変化を出して作ってみたくなるレシピに！

本文ページのレイアウトに動きを出す

本文ページのデザインは可読性が一番大事ですが、グルメ本のレシピの場合は、遊びの要素があると読者をひきつけたり面白さが生まれたりします。最初の数ページだけでも写真の大きさに変化をつけたり文字要素を賑やかにしたりすると、食べ物の印象も変わってきます。

❗ポイント 写真の大きさやレイアウトに変化を出す

同じレイアウトでレシピを載せ続けるのではなく、写真の大きさや文字のレイアウトをあえて不規則にすることで、紙面が楽しい雰囲気になります。その分統一感がなくなってしまいますが、背景に同じ画像を置けばある程度まとまりが出ます。

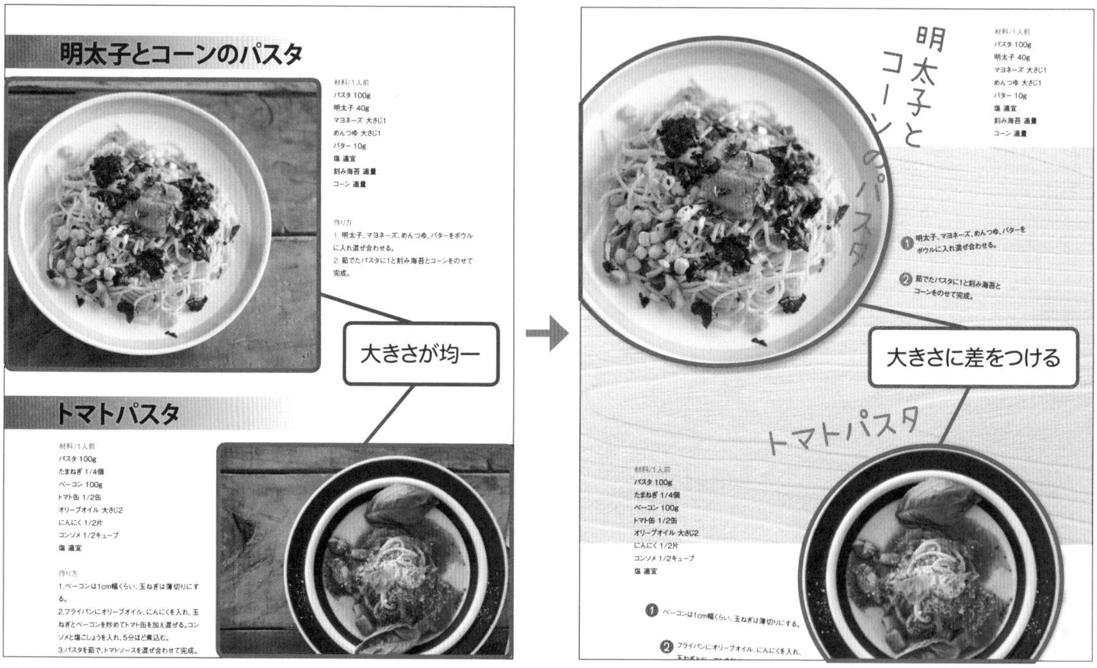

テキストと画像を離して配置しても

料理の写真とレシピのテキストは近くに配置して読みやすくするのがベストですが、あえて写真とテキストを離して置くと、写真が独立する分ビジュアル重視にできます。テキストと写真を離して置く場合は、料理とテキストに共通のアルファベットなどを置くとわかりやすくなります。

MAKING

1 写真を切り抜いて皿だけにし、大、中、小とそれぞれ大きさを変えて配置します。その近くに添えるようにして品名を置きます。手書き風フォントにすると手作り感が出るため、今回はフリーフォントの「kawaii手書き文字」を使用。

2 作り方を番号別にひとつずつ分け、それぞれに角度をつけて配置します。角度に決まりはありませんが、読みにくくならないように注意しましょう。多少なら文字が皿と重なっても問題ありません。

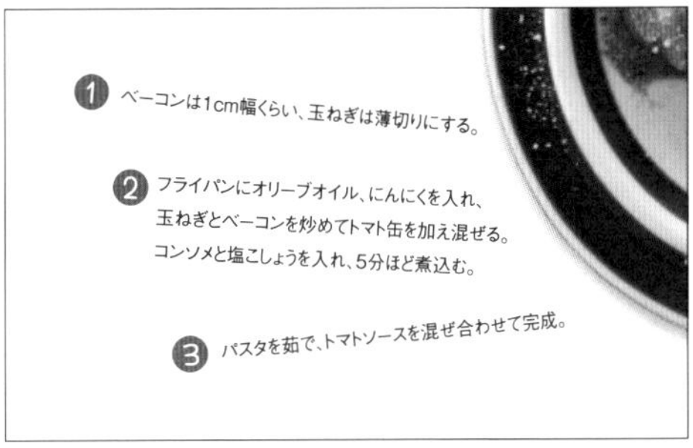

3 紙面の統一感を出すため背景に素材を置きます。できるだけ目立たない素材にするか、薄いベタにしましょう。全面に配置せず、あえて余白を作ると写真や文字の動きが強調されます。

MEMO ページものはInDesignがおすすめ

グルメ本などの文字と画像が多い本を作るときは、複数ページのレイアウトを行うための機能が多く用意されているInDesignがおすすめです。画像データやテキストエリアが多くても重くなりにくく、作業がしやすいというメリットもあります。Adobe製品のためPhotoshopやIllustratorに慣れていれば覚えやすいはずです。ただし、サブスクリプション（月額制）のため、あまり使わない人にとってはかなり割高な点だけ注意しましょう。

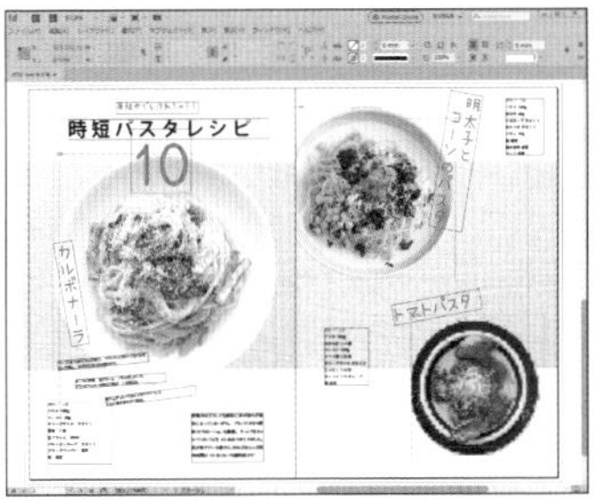

5 写真を整理して読みやすくする

BEFORE

写真が多すぎるため一つひとつが
小さくなってしまう

メイン写真が小さい

動きを出したつもりが
ごちゃごちゃした感じに

見開きいっぱいに写真を入れたいけど
詰め込みすぎて伝わりにくい…

AFTER

写真を厳選して余白を作ると旅の雰囲気が伝わりやすく！

写真が多いページは余白を作ると見やすくなる

写真が多いページの場合、視線がばらけてしまいがちですが、写真のあいだに余白を作ることによって一つひとつの写真が見やすくなります。旅行の写真はひとつでも多く載せたくなってしまいますが、写真はただ載せればいいというものではありません。余白を作るためにも、使う写真の数は絞り込みましょう。

❗ポイント 載せる写真の数を厳選し、メインを目立たせる

まずは、どれを見てほしいのか考えて載せる写真をある程度厳選します。そのうえで、旅の雰囲気が伝わるように、余白を意識しながら配置写真を配置します。また、メインの1枚を大きく目立たせると他の写真との対比が生まれてバランスが良くなります。遊び心が欲しい場合は画像を切り抜いて利用するのもいいでしょう。

正方形でトリミングしてインスタ風に

たくさんの写真を載せると縦長と横長の組み合わせになりがちですが、正方形でトリミングをするとインスタグラム風になり、統一感も出しやすいです。ただし、元の写真を大幅にトリミングするため、見せたい部分が見切れないように注意しましょう。

MAKING

1 メインの写真を大きく配置し、その上に文章を置きます。もし文章が読みにくくなってしまう場合、下図のように半透明の板を置いてもいい。

2 左ページの画像を配置します。縦と横をきれいに揃えるとすっきりとした印象になります。また、画像のあいだは数ミリの間隔をとり、等間隔にします。

3 使えそうな画像を切り抜き、ランダムに配置します。切り抜いた画像に角度をつけて動きを出すのもいいでしょう。

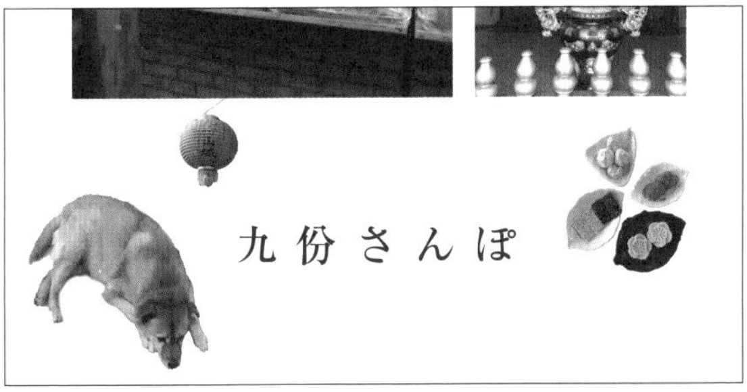

NG 寄りの写真ばかりにならないよう注意

写真を載せる際、寄り（アップ）の写真ばかりになると、載せている場所がどんなところなのかがわかりにくくなり、旅行の雰囲気が伝わりません。寄りの写真は大きく見せたいものや目立たせたいものだけにして、引きの写真とバランス良く載せましょう。

COLUMN 04 明朝体の比較

小説や旅行記の本文に使う明朝体を、それぞれ12級で比較しました。使うフォントは話題になりやすいですが、結論としては気に入った明朝体を使えばOK。内容や目的に合わせてフォントを選びましょう。予算をかけたくないときはフリーフォントから探しましょう。

吾輩は猫である。名前はまだ無い。
どこで生れたかとんと見当がつかぬ。何
でも薄暗いじめじめした所でニャーニャー
泣いていた事だけは記憶している。吾輩は
ここで始めて人間というものを見た。

ヒラギノ明朝

吾輩は猫である。名前はまだ無い。
どこで生れたかとんと見当がつかぬ。何
でも薄暗いじめじめした所でニャーニャー
泣いていた事だけは記憶している。吾輩は
ここで始めて人間というものを見た。

筑紫Ａオールド明朝

吾輩は猫である。名前はまだ無い。
どこで生れたかとんと見当がつかぬ。何
でも薄暗いじめじめした所でニャーニャー
泣いていた事だけは記憶している。吾輩は
ここで始めて人間というものを見た。

リュウミン

吾輩は猫である。名前はまだ無い。
どこで生れたかとんと見当がつかぬ。何
でも薄暗いじめじめした所でニャーニャー
泣いていた事だけは記憶している。吾輩は
ここで始めて人間というものを見た。

小塚明朝

吾輩は猫である。名前はまだ無い。
どこで生れたかとんと見当がつかぬ。何
でも薄暗いじめじめした所でニャーニャー
泣いていた事だけは記憶している。吾輩は
ここで始めて人間というものを見た。

しっぽり明朝（★）

吾輩は猫である。名前はまだ無い。
どこで生れたかとんと見当がつかぬ。何
でも薄暗いじめじめした所でニャーニャー
泣いていた事だけは記憶している。吾輩は
ここで始めて人間というものを見た。

游明朝（★）

吾輩は猫である。名前はまだ無い。
どこで生れたかとんと見当がつかぬ。何
でも薄暗いじめじめした所でニャーニャー
泣いていた事だけは記憶している。吾輩は
ここで始めて人間というものを見た。

ＭＳ明朝

吾輩は猫である。名前はまだ無い。
どこで生れたかとんと見当がつかぬ。何
でも薄暗いじめじめした所でニャーニャー
泣いていた事だけは記憶している。吾輩は
ここで始めて人間というものを見た。

源ノ明朝（★）

※★マークがついているものはフリーフォント

第6章

サークル情報のアイデア＆テクニック

1 情報に優先順位をつけてお品書きをレイアウトする

BEFORE

載せる情報が多いのでうまくまとめられず

読みにくいお品書きに…

AFTER

情報の優先順位を決めてレイアウトすると イベントで見やすいお品書きに！

情報の優先順位を決めて可読性の良いお品書きに

イベントやSNSの告知では必須のお品書き。表紙と比べると情報量が多く、レイアウトに工夫が必要なため、感覚で作ると失敗してしまいます。ガイドなどを使ってしっかり計算し制作していきましょう。なお、ここではイベント用の縦長A4~A3サイズを例にしています。

❗ポイント ガイドを引いてレイアウトを決める

まずはガイドをきっちり引いて、レイアウトを決めましょう。既刊本がある場合は、新刊が目立つようにスペースを配分します。その後、そのガイドに沿って文字情報などを配置します。文字情報がガイド内に収まることで。画面がすっきりします。場合によっては、文字情報を先に配置しながらレイアウトを考えてもOKです。

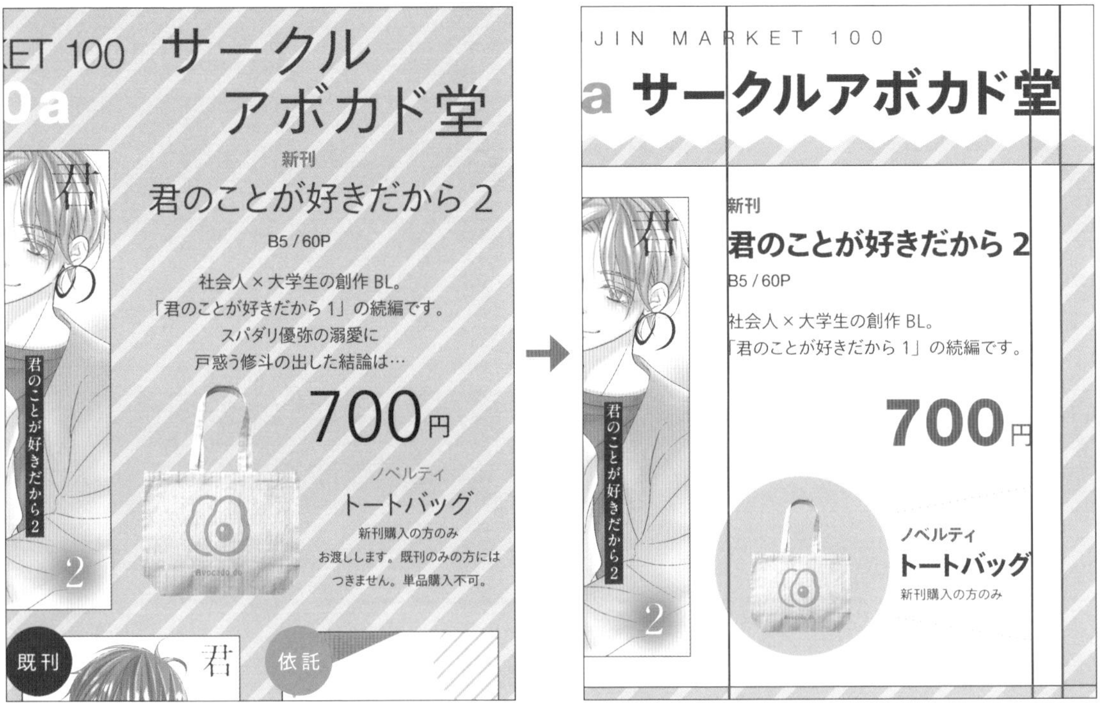

イベントでは縦、Webでは横を推奨

お品書きのサイズは「どこで見せるか」によって変わります。イベントで展示するときはA4～A3サイズで、縦長にすると読みやすくなります。一方、Twitterやpixivに載せるときは縦長だとサムネイルで見えなくなる部分が出てきます。ですので、Web上では横長の方が適しています。できれば両方用意して使い分けるのが理想ですが、手間になるため、イベントとWebのどちらを優先するか決めてから作り始めるといいでしょう。

MAKING

1 ガイドを引いてレイアウトをある程度決めます。新刊1冊と既刊3冊の場合、上の3分の2を新刊のスペースにし、残りを三分割して既刊のスペースにします。

2 ガイドに合わせて文字や画像を配置します。

3 文字を変更します。目立たせたい箇所（サークルスペース、値段など）は大きく太く、それ以外は小さくしてメリハリをつけます。色は2～3色程度にとどめ、目立たせたい箇所のみ差し色を入れるように色をつけます。

4 背景の柄をつけます。下に柄があると文字情報が読みにくくなるので、柄は外側だけにします。アクセントをつけたければ、サークル名の下に三角のギザギザを入れてみても。

2 情報を最低限にして遠くまで目立つポスターを作る

BEFORE

内容に合わせようとしたら目立ちにくい感じに

サークル名とスペースナンバーが下の方だと売り子で隠れそう

明朝体やセリフ体は遠くから読みにくい

かっこいいデザインにしたいけど
イベントでは見辛くて不便なポスターに…

AFTER

遠くから見ることを意識すれば
イベントで活躍するポスターに！

スペースナンバーを優先してイベント用のポスターに

イベントでサークルスペースに展示するポスター。使うのはイベントの日だけという特殊なものなので、街中にあるポスターとはやや違った作り方が必要になります。新刊のアピールも大事ですが何よりスペースナンバーとサークル名を優先して目立たせましょう。

❶ポイント 太く大きい文字にして遠くから見られることを意識する

イベントでのポスターの一番の役割はサークルの目印になることです。そのため、スペースナンバーとサークル名には視認性が高いゴシック体やサンセリフ体を太く大きく載せて読みやすくします。また、ポスターの下の方は見えにくくなるため、文字要素はできるだけ上の方に配置しましょう。

ポスターの推奨サイズはスペースによって変わる

ポスターはどのくらいの大きさで刷ればいいのかは悩みどころです。結論としては、スペースによって推奨のサイズは変わります。最も多い島中の場合はA1かB2がおすすめです。お誕生日席は少しスペースに余裕ができるためA1やB2に加えてB1でもいいでしょう。壁の場合はスペースとポスターの距離が意外と遠いため、最大のA0にしましょう(B0はスペースの幅を越えるためNG)。また、ポスターはポスタースタンドを使用して椅子の後ろに置くのが一般的だと思われますが、「PO.SU.TA.」はB1サイズまで対応していてとても使いやすくおすすめです。

▶携帯型ポスタースタンド　PO.SU.TA.(ポスタ)

MAKING

1 いちばん上にサークルナンバー、続けてサークル名を配置します。文字はイラストに多少かぶっても問題ありませんが、読みやすくしたい場合はキャラクターを下げて文字のスペースを作りましょう。

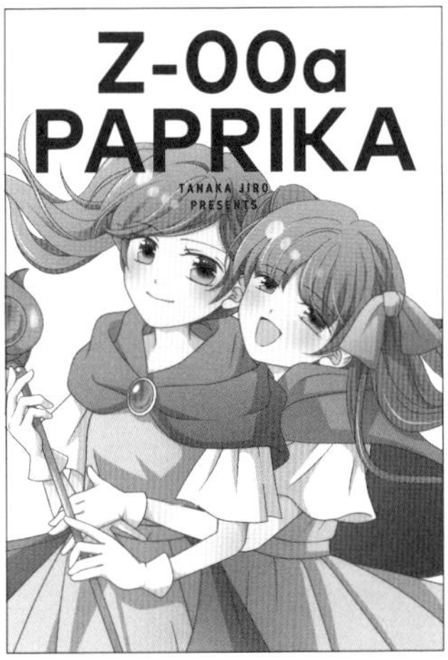

2 背景に色をつけます。どんな色や柄を使ってもOKですが、明るい色や濃い色だと目立ちやすくなります。

3 新刊とサークルの情報を入れます。文章が長すぎたり文字が小さすぎると見てもらえないので、短く大きくすることを心がける。

NG 情報の詰め込みすぎに注意

ポスターはサイズが大きいこともあり、ついいろいろな情報を載せたくなってしまいます。しかし、イベント会場で立ち止まってじっくりすべて見てくれる人はほとんどいません。それどころか、サークルの目印という目的を果たさなくなってしまう可能性すらあります。ぱっと見で理解してもらえるように、情報量は最小限にしておきましょう。

3 シンボルマークとサークル名を整理してロゴを作る

BEFORE

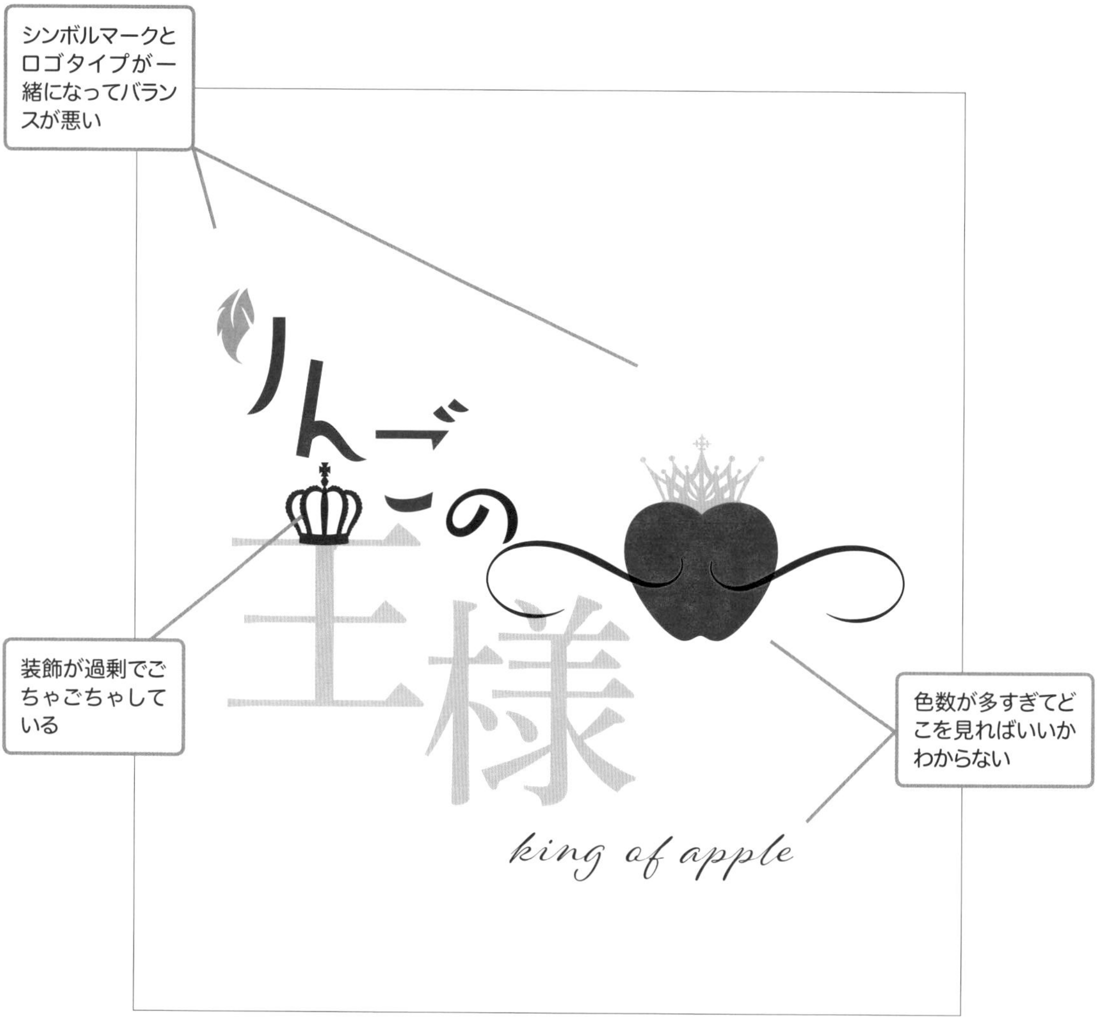

サークル名をモチーフにしてロゴを
作ってみたけどごちゃごちゃして使いづらい…

AFTER

シンボルマークとロゴタイプを分けて汎用性の高いロゴに！

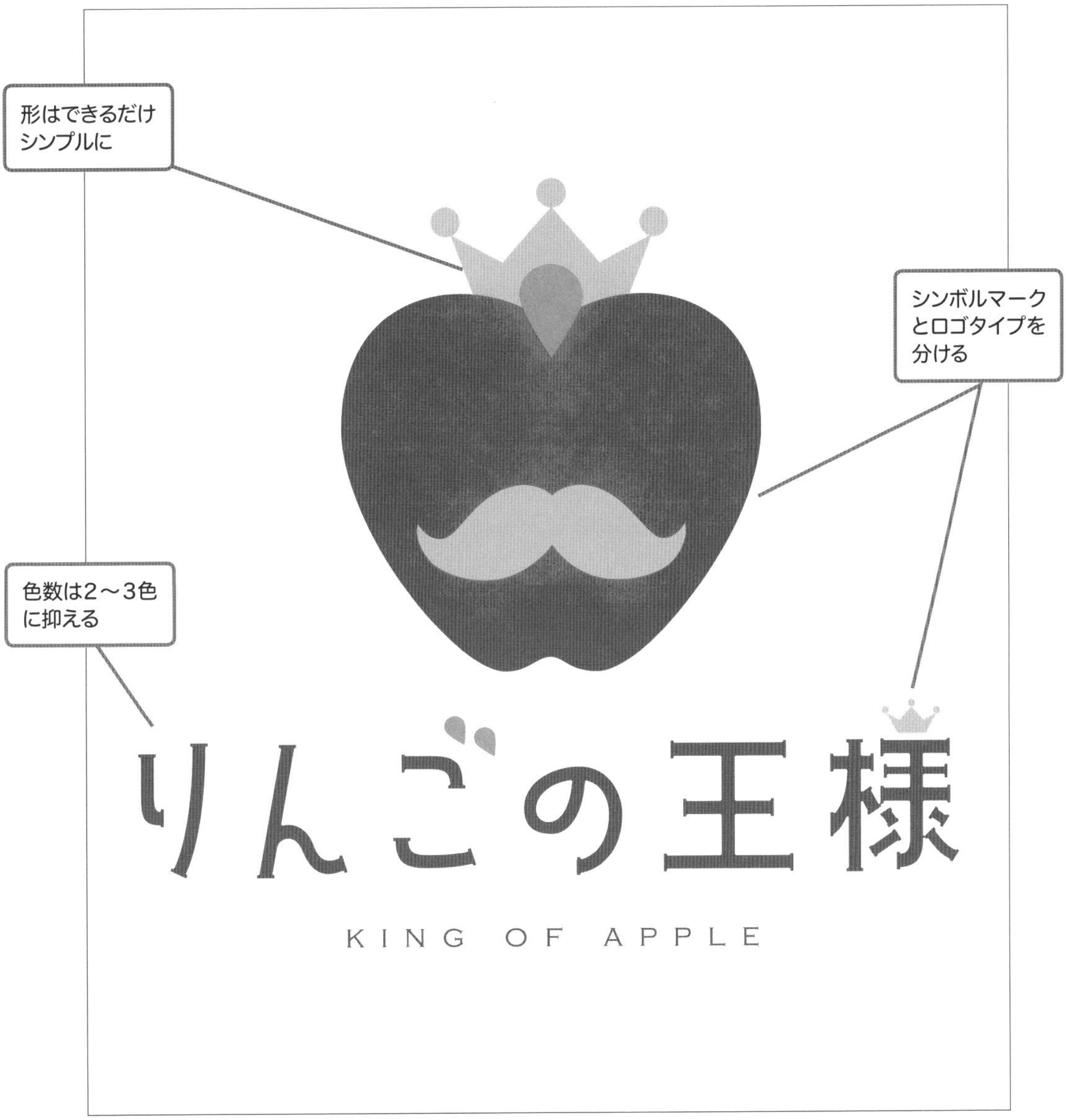

どんな大きさでもわかるサークルロゴを制作する

サークルロゴは必須ではありませんが作っておくと長いあいだ使えて便利です。タイトルロゴと違い、サークルロゴはどんなサイズでも認識できることが大事です。また、サークルカットやグッズなどに使っても違和感がないようにできるだけシンプルになるよう心がけて制作しましょう。

❗ポイント シンボルマークとロゴタイプを分けて制作する

多くの場合、「シンボルマーク」と「ロゴタイプ」の組み合わせを「ロゴ」と言います。シンボルマークは絵や記号のような図形のことを言い、ロゴタイプは名前を表す文字のことを言います。ロゴを作成する場合、シンボルマークとロゴタイプを分けて作ると汎用性が高くなります。また、色を2～3色にとどめておくと、わけて作ってもまとまりを出せます。

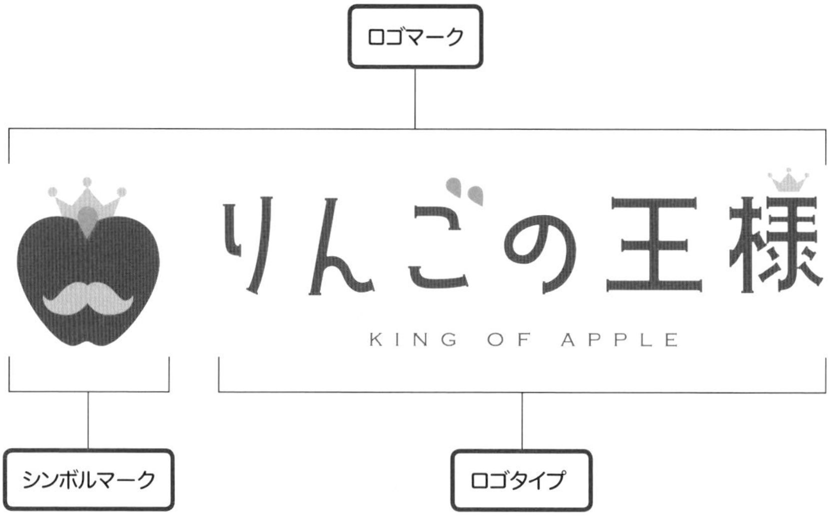

MEMO ロゴのガイドラインを決めておく

サークルロゴはさまざまな用途で使うため、あらかじめガイドラインを考えておくと後々便利です。縦組みの場合と横組みの場合、1色の場合と4色の場合というように用途を考えます。また、サークルカットに使う場合や、Twitterのアイコンに使う場合も決めておくと、どんな用途にも対応できるロゴになります。とはいえ、あまり堅苦しくなるのも同人活動らしくありません。たとえどんなに型破りであっても、最終的には愛着が持てるロゴを作りましょう。

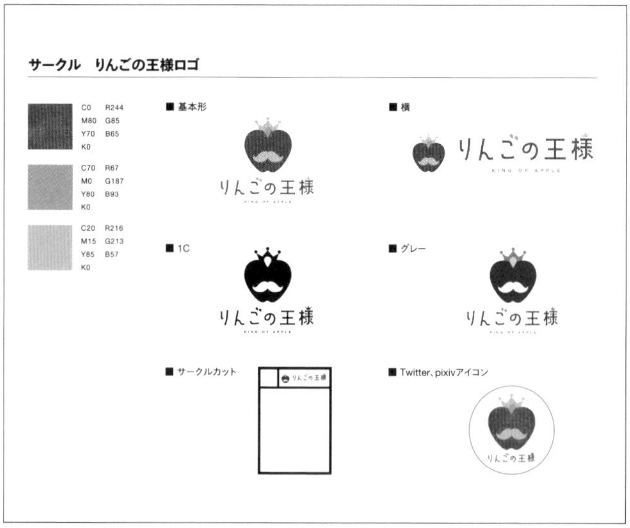

MAKING

1 シンボルマークのラフを描きます。シンボルマークはデジタルで完成させても問題ありませんが、まずは手書きでラフをたくさん描くとアイデアが湧きやすいです。サークル名に合ったモチーフやイメージなどを考え、紙に描きだしてみます。

2 スキャンした画像を元にして、シンボルマークをペンツールで描きます。今回はラフの形がいびつなのでいちから描き起こしていますが、手描きをそのまま活かしたい場合はトレースします。今回のように左右対称の場合、片側だけ描いたら半分はコピーして反転すると楽に描けます。

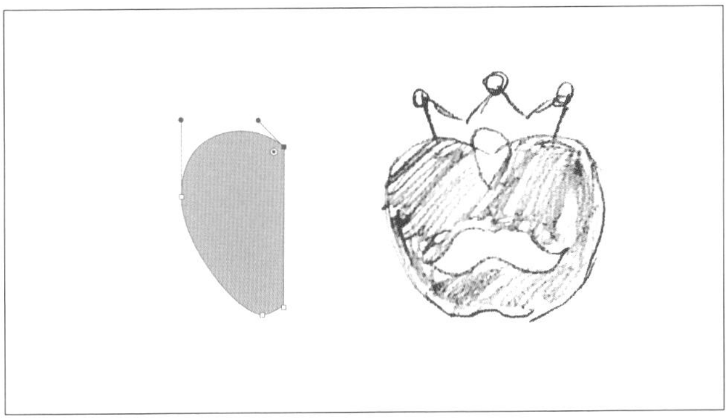

3 ロゴタイプを作ります。ロゴタイプは一文字ずつ作ることも多いですが、難易度が高いため今回はフリーフォントを使用します。今回は手書き感のある「バナナスリップplus」を使用し、高級感を出すためセリフ（51ページ参照）を追加します。さらに、シンボルマークに合わせて、葉っぱや王冠の装飾を追加して、全体的な統一感を出します。

4 最後に色を決めます。まずはメインカラーの赤を赤すぎないM80Y70にします。次に緑をC70Y80にします（色味の決め方は28ページも参照）。黄色は明るすぎると見えにくいため、やや落ち着いたC20M15Y85にして完成です。

4 余白を活かして きれいな名刺を作る

BEFORE

すべての要素が大きくて
メリハリがない

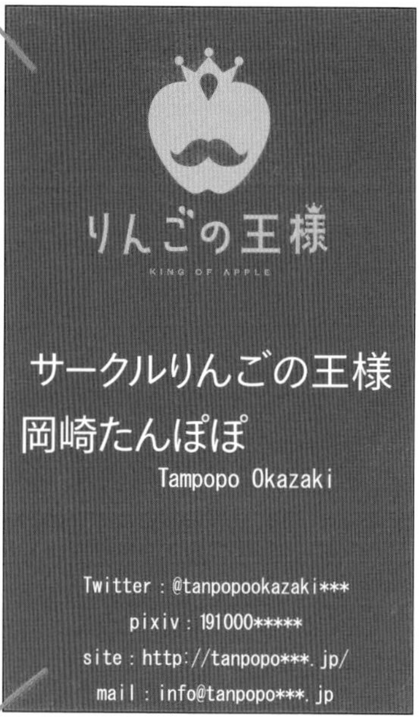

文字や揃ってい
ないので不安定
な印象に

ロゴを大きく使い
すぎてイラストの
邪魔になっている

名前やサークル名はちゃんと読めるのに
何だか野暮ったい名刺に…

AFTER

大きさにメリハリをつけ、余白のあるレイアウトにするときれいな名刺に！

文字の大きさに差をつける

文字をきれいに揃える

ロゴを小さめでイラストを引き立てる

読みやすくきれいな名刺を作る

同人イベントでの大事な交流のツールとなる名刺ですが、せっかく作るならただ情報を載せるだけでなく、読みやすくきれいなデザインにしましょう。名刺はサイズが小さいため、文字を下手に大きくすると窮屈な印象になってしまいます。余白を意識してレイアウトすることが大事です。

❗ポイント 文字の大きさ、余白、文字揃えの3つを意識する

名刺の場合、文字を目立たせようと無暗に大きくすると、余白がなくなり逆効果です。ペンネームは18Q、サークル名は8.5Q、TwitterのIDなどは8Q、名前のローマ字は6Q……というように目立たせたい箇所ほど大きくして、余白を作りましょう。また、文字が揃っていないと不安定な印象になってしまいます。行頭はきれいに揃えましょう。

紙や加工にこだわって雰囲気を変えてみる

デザインだけでなく紙や加工にこだわってみると名刺の雰囲気ががらっと変わります。名刺の紙は一般的にハガキくらいの厚さの紙が多いが厚めの紙に変更するだけでも高級感が生まれます。高級感を出したいなら、ロゴや名前に箔押しをするという手もあります。また、紙の質感にこだわってマーメイドやモデラトーンなどのように凹凸のある紙を使うと、やさしい雰囲気が出ます。こうしたこだわりは予算との兼ね合いもありますが、こだわることによって貰って嬉しい名刺になってくるでしょう。

MAKING

1 名刺サイズ（91×55mm）ファイルを作り文字を配置します。文字は目立たせたい箇所ほど大きくします。ただし、横幅が埋まりそうになるほど大きくしないように気をつけます。

2 フォントを決めます。サークル名は「源ノ角ゴシック Normal」にして、目立たせたいペンネームの方を太い「源ノ角ゴシック Medium」（いずれもフリーフォント）にします。Twitter IDなどの英数字は和文フォントではなく欧文フォントを使用したほうが美しくなります（ここでは「Lato」を使っています）。

3 ガイドを中心に引き、すべての要素をセンター揃えにします。Twitter IDなどの情報は頭にアイコンをつけ、その上でセンター揃えにすると読みやすくなります。

4 名刺の裏側にイラストを配置します。ロゴは反対側に配置しているため控えめでOK。

5 情報を簡潔にして宣伝効果のある帯を作る

BEFORE

帯を使って宣伝したいけど
あまり目立たない…

AFTER

簡潔にしてぱっと目に入ってくるように
すれば宣伝効果のある帯に！

情報を詰め込みすぎず簡潔にして宣伝効果のある帯に

同人誌にはあまり付けない帯ですが、積極的に宣伝をしたい場合はとても有効なツールです。効果を高めるには宣伝要素を詰め込みすぎず、できるだけ簡潔にしましょう。帯には作中のセリフや内容、セールスポイントなどを入れますが、いずれも文言を少なめにすることを意識して、ぱっと見でも伝わっるようにするのがベストです。

❗ポイント セリフやあらすじなどを短めに入れ文字を大きく目立たせる

帯に入れるテキストのどれを目立たせるかは自由ですが、いずれも長すぎると読んでもらえません。それぞれ三行くらいにまとめましょう。特にセリフは短めにして、できるだけ大きくします。また、内容の説明が長くなる場合は、表4に入れるという手もあります。全体的に単調に感じるようなら、色や動きなどで変化を出すと読みやすく目にもとまります。

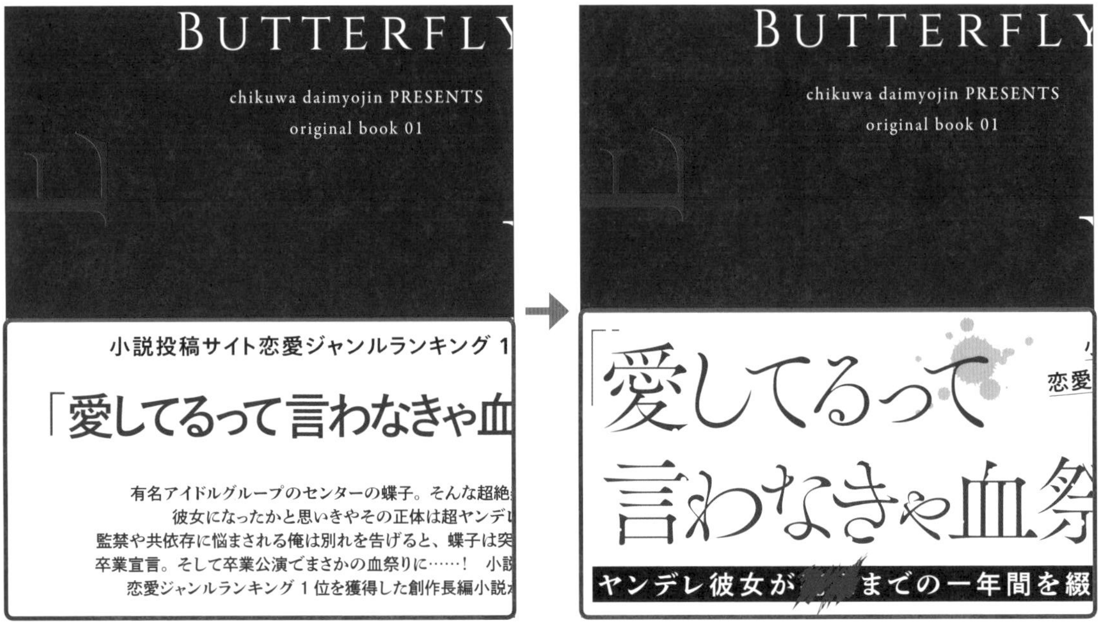

帯の地色の選び方は3パターン

帯を作る際に悩むのが地色をどうするかです。商業出版されている本の帯の地色は大体3パターンに分類されます。

①白か黒
②表紙に使われている色
③表紙と真逆の色

①は割とどんな表紙にも馴染んでくれます。②ならまとまりが出ますし、逆に③なら表紙との対比で帯が独立して目立ちます。今回は①にしましたが、パターンとして覚えておくと便利です。

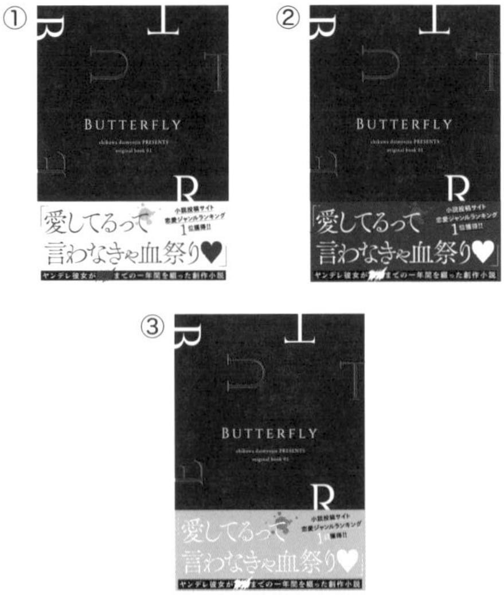

MAKING

1 作中のセリフを配置します。一番目立たせたいセリフを選び、できるだけ大きく入れます。フォントは怪しい雰囲気が出る「筑紫Cオールド明朝」にしています。また、飾りとして背景に血吹雪を入れたり、文字の上に小さい飛沫を入れたりします。

2 あらすじを1行で配置します。さらに、上のセリフと変化を出すために黒い板を置き、文字を白にします。

3 セールスポイントを入れます。斜めにして動きをつけることで、セリフ・あらすじと差別化します。また、「1位」だけ色をつけ目立たせたり、テキスト全体に下線を引いたりして単調にならないようにします。

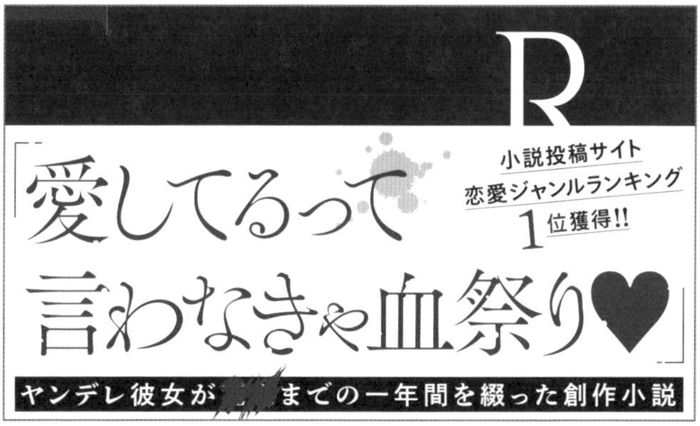

MEMO 帯は作品というより広告。文言はひねりすぎずに

帯は作品というより広告の要素が強いため、あまり文言をひねりすぎないようにしましょう。作品のこだわりをそのまま帯に込めてしまうと見ている人は戸惑ってしまいます。帯は作品の「入り口」です。まだ作品を見ていない人にも伝わる言葉を使うように心がけ、作品の世界に読者が入りやすいようにしましょう。

COLUMN 05 同人誌を宣伝しよう

同人誌は完成したらできるだけ多くの人に見てもらいたいものです。そのためには宣伝が必要になります。宣伝といってもTwitterを効果的に使うだけで十分です。新刊が出るイベントに合わせ、タイミングごとにツイート内容を工夫するとより効果的でしょう。

1. イベント前

約 1 か月前

原稿の進捗を随時報告して新刊の存在をアピール。画像も少し載せて期待を煽ります。

約 1 週間前

最も重要な最初の告知ツイートします。イベントの2週間以上前だと忘れられる可能性があり、数日前だと拡散されにくいため、1週間前にツイートするのがベストでしょう。新刊のタイトル、イベント日、スペースナンバー、サークル名、内容を紹介します。このとき、画像だけでなく必ず文章でも紹介しましょう。また、書店委託がある場合は、この時点で欲しいと思った人に対応できるように委託書店のリンクを貼っておきます。

数日前

既刊、お品書き、当日のポスターなどを随時ツイートします。新刊の存在に気付いてもらうために、載せられるものは何でも載せます。

2. イベント中

開始前

当日は設営が完了したらTwitterで報告します。そのツイートで気付く人や思い出す人がいるかもしれません。気付いたらすぐブースに行けるようにスペースナンバーも明記します。

撤収時

撤収するときも報告ツイートをします。次のイベント参加が決まっている場合や書店委託がある場合は、それらも報告すると次につながります。

3. イベント後

数日後

新刊を委託書店で買う人が多くなる時期なので、委託がある場合は委託書店の販売ページをまとめてツイートしましょう。新刊の感想のリツイートも宣伝になる側面があります。

第7章

印刷と入稿の基本をまなぼう

1 同人誌印刷とは？

同人誌を刷る際には印刷所に頼むことになります。印刷所には出版社などの企業向けのところもあれば、同人誌など個人からの仕事も請け負っているところもあります。では、同人誌向けの印刷所とはどういったものなのでしょうか。ここでは、価格やサポートなどの同人誌印刷の特徴を確認しましょう。

同人誌に特化した印刷所

・わかりやすい仕様の提供

印刷所はいくつもありますが、同人誌の印刷を頼めるところはある程度限られてきます。これらの印刷所は基本的に趣味で漫画や小説を書いている同人作家を多く相手にしています。客層が決まっているため、わかりやすいセット売りの商品を提供しているのが同人誌印刷所の大きな特徴の一つです。例えば、表紙はこの紙で、本文は何ページで、印刷部数は何冊で、印刷代はいくら……というように、はじめから決まった仕様で発注できます。こうしたセットをたくさん売っているわけです。ただし、商業印刷にはある色校（試し刷り）などはないこともあります。あくまでも同人誌の印刷に特化している場所と理解しましょう。

・安価な印刷代

また、同人誌印刷所はセット売りをしているため、決まった紙をあらかじめまとめてストックしています。紙はちょっとだけ買うと高くなってしまいますが、まとめて買っておくことで安く仕入れることができます。結果、印刷時の価格にも反映されるため、お得な価格で同人誌を印刷できます。

・作家の活動・成長もサポート

同人作家に対して、原稿の作り方やノウハウをある程度指導ができるなど、同人作家に成長してもらう仕組みがあるのも同人誌印刷所の強みです。印刷所からアドバイスを受けつつ同人活動をたくさんした同人作家がデザイナーになった例も。同人誌印刷所は本を刷るだけでなく、同人作家を育てる場所でもあるのです。

2 オフセット印刷とオンデマンド印刷

同人印刷には大きく分けてオフセット印刷とオンデマンド印刷の2種類があります。オフセット印刷は高品質の印刷物を大量に生産可能であるのに対して、オンデマンド印刷は少部数で短期間の納品が可能です。どちらの方が絶対良いということはないので、部数や締切に合わせて使い分けましょう。

オフセット印刷とは

印刷用の版を作り印刷する高品質の印刷方式。オンデマンドと比べて大量の印刷物をスピーディーに印刷することが可能です。本やチラシなど商業印刷のほとんどがオフセット印刷で作られています。オフセット印刷には、

・繊細な濃淡のグラデーションや細かなディティールの表現が可能
・一度に大量の部数を印刷することができ、部数が多くなるほど1部当たりの単価が安くなる
・特色(DICカラー、179ページ参照)が使える

などのメリットがあります。ただし、部数が少ないときは1部あたりの印刷コストがオンデマンド印刷に比べて高くなるデメリットがあります。一般的に、約300部まではオンデマンド印刷の方がお得で、それ以上になるとオフセット印刷の方がお得になることが多いです。

オンデマンド印刷とは

オフセット印刷では印刷のもととなる「版」を用意します。対して、オンデマンド印刷では印刷用の版を使用せず、パソコンからデータをプリンタに送り印刷します。版が必要なく固定費が掛からないため、少部数(約10部～)の印刷にも対応できます。また、印刷にかかる時間を大幅に短縮できる点もオフセット印刷にはない長所です。オンデマンド印刷には以下のメリットがあります。

・少部数だと単価が安くなる
・短納期で制作が可能な分締切が遅め

ただし広範囲のベタやグラデーションにムラが出やすいというデメリットもあります。最近は印刷機の技術の進化によりオンデマンド印刷もオフセット印刷と近い品質になってきています。

オフセット印刷とオンデマンド印刷、どちらがいいのか

部数が100部以上、クオリティにこだわりたいときはオフセット印刷がいいでしょう。特に本文ページのベタはオンデマンド印刷だとムラが出やすいため、気になる人はオフセットがおすすめです。
一方、少部数でできるだけコストを下げたいときはオンデマンド印刷が適しています。また、オンデマンド印刷の方が締切に余裕があるため、オフセット印刷では間に合わないと思ったらオンデマンド印刷を検討してみてもいいかもしれません。

▶オンデマンド印刷にPP加工をしたもの。オフセット印刷と遜色ない仕上がりに

3 印刷の費用とスケジュール

印刷を業者に依頼するのは時間もお金もかかるため、最初は敷居が高く感じるかもしれません。ここでは初心者の方向けに印刷費、スケジュール、締切などを紹介します。大まかに把握してから自分に合った印刷所を探してみてください。

印刷費のイメージ

同人誌を印刷所で刷ってもらう場合、だいたいどれくらいの金額になるかを比較してみました（※）。オフセットはフルカラー表紙セット、オンデマンドはオンデマンドセットPPを利用した基本料金です。ただし、ここで挙げたのはあくまで一例です。実際は印刷所、判型、ページ数、印刷部数、色数、オプション、入稿時期などで料金は変動します。印刷所を選んだら、Webサイトの情報を確認したり、問い合わせを行ったりして、具体的な見積もりを立てましょう。

B5/28p 50部 オフセット 表紙フルカラー 本文モノクロ	A5/28p 50部 オフセット 表紙フルカラー 本文モノクロ	B5/28p 50部 オンデマンド 表紙フルカラー 本文モノクロ	A5/28p 50部 オンデマンド 表紙フルカラー 本文モノクロ
42,000円	28,500円	19,100円	16,500円

※いずれもサンライズパブリケーションの場合

入稿までのスケジュール

・見積もりを取る（納品2か月～1か月以上前）

本の仕様を決めたらまずは印刷所に見積もりを取ります。セット料金の場合はサイトを見ればわかるため不要ですが、オプションによっては見積もりが必須になります。オプションの種類によっては締切が変更になる場合もあるので、入稿ギリギリではなく、発行の1か月前には問い合わせておきましょう。

・予約をする（納品2か月前～入稿数日前まで）

基本的に印刷所の予約は不要ですが、割増料金での入稿の場合や見積もりを取った場合などは予約が必要になります。また、即売会に合わせて印刷するいわゆる「イベント合わせ」のうち、大きいイベントに合わせたものは受付枠が早く埋まることもあります。大規模なイベントに合わせて本を作る場合は、1～2か月前には予約したほうが確実です。

・入稿する（納品1か月～1週間前）

締切日までに原稿を入稿します。締切はだいたいイベントの数日～1週間くらい前にスケジュールされることが多いです。また、印刷費は前金制が多いため、入稿する前に支払いを済ませておきましょう。

締切について

日曜日のイベントに合わせる場合、フルカラー表紙セットで印刷すると水曜日の午前9時が通常締切となります(※)。また、同人誌の印刷では「早割」と「割増」という概念があります。通常締切より早めに入稿すると印刷費が安くなるのが早割です。逆に、締切を過ぎて入稿したい場合は割増料金といって通常締切より印刷費が高くなります。なお、繁忙期はスケジュールが異なりますのでご注意ください。必ず事前に印刷所のWebサイトなどで確認をしましょう。

▼フルカラー表紙セットを利用し日曜日のイベント合わせで印刷する場合(※)

	表紙締切	本文締切
火	メガとく締切 25%OFF	メガとく締切 25%OFF
水		
木		
金	SUPERとくらく締切 15%OFF	SUPERとくらく締切 15%OFF
土		
日		
月		
火	とくらく締切 10%OFF	とくらく締切 10%OFF
水	通常締切	通常締切
木	レスキュー 20%UP	スピードキング 10%UP
金		レスキュー(A5/B5限定) 20%UP
土		
日	納品日(イベント当日)	

※サンライズパブリケーションの場合

印刷所の選び方

同人誌印刷所はたくさんあるため迷いがちです。選ぶ際には、まずは自分がこだわりたいポイントをはっきりさせてから、その希望に合う印刷所を探してみましょう。

とにかく安く仕上げたいときや少部数のときは、オンデマンドを扱っている印刷所がおすすめです。たとえば、値段が安く、標準でPP加工がついているポプルスは初心者にも利用しやすい印刷所です。オレンジ工房は安いだけでなくポイントも付くため、継続して利用するとさらにお得になります。

スケジュールを軸に印刷所を選ぶ方法もあります。締切の遅さで選びたいときは、締切が延びる超短期お助け企画があるホープツーワンや、イベント前日入稿が可能なサングループがおすすめです。ただし、どちらの印刷所も割高になるため料金には注意が必要です。

4 用紙サイズ

同人誌の用紙サイズは大体がB5かA5サイズです。大きさはA5からA6というように数字が増えると半分の用紙サイズになり、A5からA4と数字が減ると倍の用紙サイズになります。それぞれのサイズを本の目的や好みに合わせて使い分けていきましょう。

A判

A5はB5の本と比較すると小さめでかわいい印象に。またA6は文庫サイズのため小説本に適しています。A4は大きめの本になるので、写真集など写真メインの本に使われることが多いです。

A1	594×841mm
A2	420×594mm
A3	297×420mm
A4	210×297mm
A5	148×210mm
A6	105×148mm

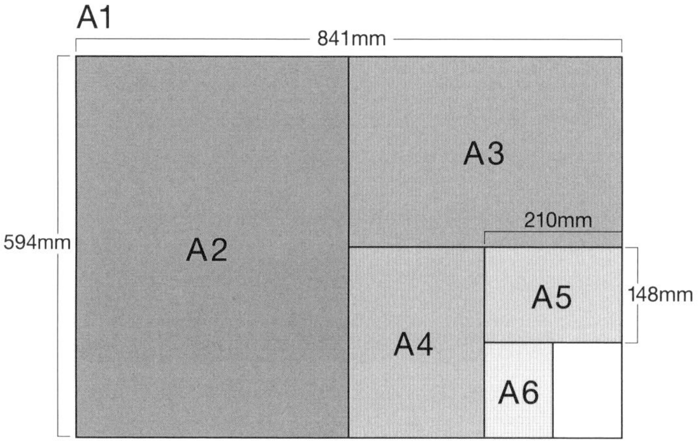

B判

B5は週刊誌や大学ノートにも利用されているサイズで、同人誌でも人気のあるサイズです。B6は商業誌のコミックスでも使われているため、再録集など厚めの本のときにカバーをつけると、商業誌のような仕上がりになります。

B1	728×1030mm
B2	515×728mm
B3	364×515mm
B4	257×364mm
B5	182×257mm
B6	128×182mm

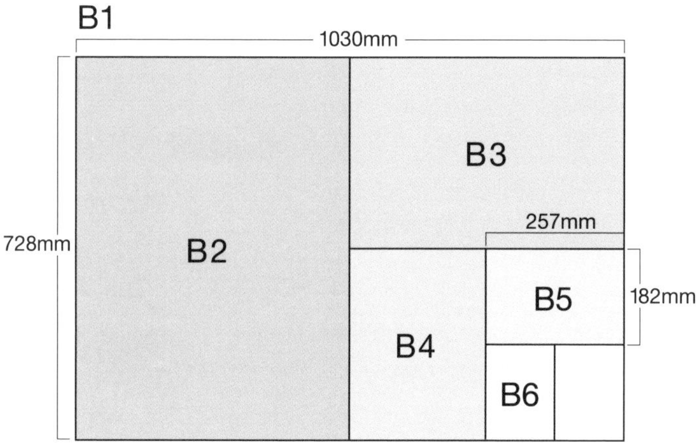

5 トンボとタチキリ

入稿データを問題なく印刷するためには、原稿にトンボとタチキリが必須となります。印刷物を作成する際の断裁・位置合わせのためにはトンボが、印刷時のずれに対応するためにはタチキリが必要です。印刷した際に不自然な余白ができないよう、タチキリまでしっかり画像を入れましょう。

トンボとは

トンボとは同人誌などの印刷物を印刷する際、仕上りサイズに断裁するための位置を表す印のことです。フルカラー印刷の際にはCMYK4色の版を重ね合わせるために必要になる。トンボには2種類あり、四隅に配置されているマークはコーナートンボ（角トンボ）、センターに配置されているマークはセンタートンボ（十字トンボ）と呼ばれています。トンボがないとどこで断裁していいかわからないため必ず入れましょう。

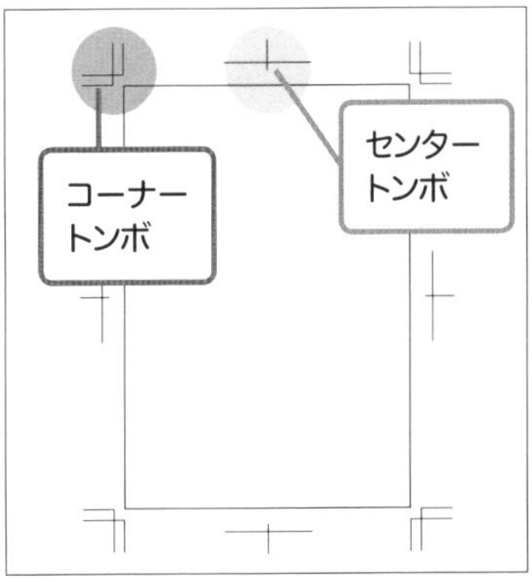

タチキリとは

タチキリとは実際に印刷される部分より3mmほど多めに描く部分のことです。裁ち落としとも呼ばれます。印刷は仕上がり線で断裁されますが、一度にたくさんの紙を断裁するため多少のずれが生じます。そのため仕上がり線ギリギリで描かれた場合、余白ができてしまうこともあります。絵やデザインは仕上がり線ギリギリの範囲で収めるのではなく、必ずタチキリ部分まで画像を入れましょう。なお、仕上がり線の内側には、内枠線があります。内枠線は基本枠とも言われ、読者の目に入りやすい範囲です。重要なセリフや絵はこの枠内に収めましょう。

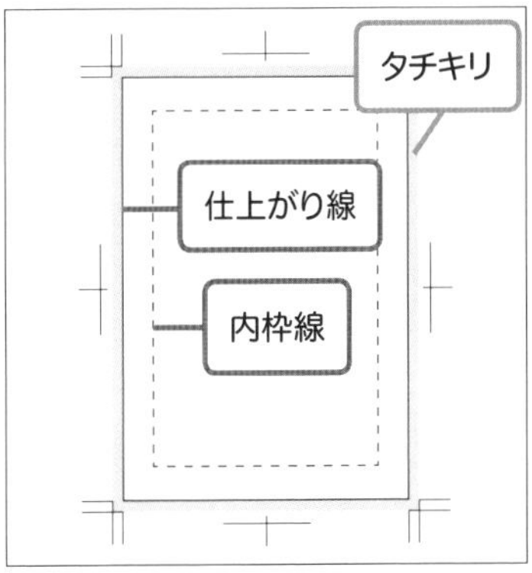

MEMO トンボが必要ない印刷所も

タチキリはどんな原稿にも必須ですが、トンボは印刷所によっては不要な場合もあります。トンボが不要になるのは、タチキリ部分に塗り足しが正しく設定してある場合や、小説のように塗り足しが不要な本の場合などです。そうした場合は用紙の中心に合わせて印刷されます。トンボを入れないことにより多少原稿の手間が省けますが、トンボの要不要は印刷所によって異なります。不要かどうかホームページなどで必ず確認しましょう。

6 解像度

漫画やデザインのデータをPhotoshopで作成する際、はじめに解像度を設定する必要があります。解像度は必ずしも大きければいいというものではなく、用途によって必要な数値が異なります。何に使うデータか考えて解像度を設定しましょう。

解像度とは

1インチの間にどれだけドットがあるかの密度を表したものが解像度です。たとえば350dpiの場合は1インチの間に350個のドットが並びます。1インチ四方には350x350で合計122,500個のドットがあることになります。密度が大きいほどきれいな印刷になりますが、解像度が大きすぎても人間の目では見分けはつきません。用途に応じて、下記の推奨された解像度にするのが望ましいです。また、一度下げた解像度を上げることはできないので、解像度を変更する場合は元画像のバックアップがあると安心です。

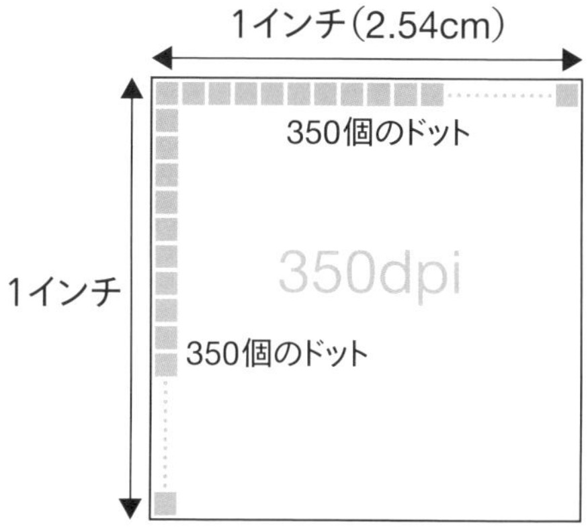

同人誌に必要な解像度

・Web用画像:72dpi

pixiv、TwitterなどWeb用の画像は72dpiでOKです。ただし印刷物は72dpiだと荒く見えてしまうため、Web再録などのときはそのまま使わないよう注意しましょう。

・フルカラー:350dpi

フルカラーの印刷物の場合は原寸サイズで350dpiが適切です。アクリルキーホルダーやクリアファイルなどのグッズ印刷も350dpiが望ましいです。

・モノクロ二階調:1200dpi

モノクロ二階調はグレースケールとは異なり画像を白と黒の2色のみで表現しているため、画像のエッジのギザギザが目立ってしまいます。そのため1200dpiと高い解像度が必要です。

・ポスター:200dpi

イベント用の大判ポスターは遠くから見るため、200dpiもあれば十分です。距離があればポスターの画像が荒れては見えません。むしろ、解像度を高くするとデータが重くなりすぎるため推奨しません。

・グレースケール:600dpi

表紙のカラーイラストをグレー化したものはカラー同様350dpiで問題ありません。ですが、本文のトーンなどが使われている原稿の場合は600dpiが推奨されています。

7 CMYKとRGB

PCのカラーモードは大きく分けてCMYKとRGBのふたつに分かれます。同人誌のデザインをする際にはモニターのどんな色も使えるわけではなく、CMYKモードで制作する必要があります。CMYKとRGBの違いを理解して正しいデータで入稿しましょう。

CMYKとは

主に印刷物に使われる発色方法です。シアン(Cyan)、マゼンダ(Magenta)、イエロー(Yellow)の色の三原色を利用した混色方法で、印刷では黒(K) を加えた4色が利用されています。色が混ざるほど暗くなり、黒に近づいていきます(減法混色)。同人誌、グッズなど印刷物はCMYKモードを利用します。

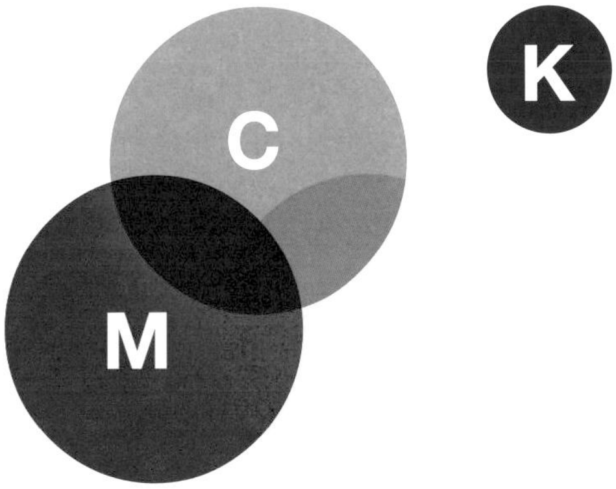

RGBとは

モニターやテレビの映像表示に利用されている発色方式です。赤(Red)、緑(Green)、青(Blue)の光の三原色を利用しています。数値を増すごとに白に近づいていき、数値を減らすごとに黒に近づいていきます(加法混色)。pixivなどネット上だけに公開する作品はRGBモードを利用します。

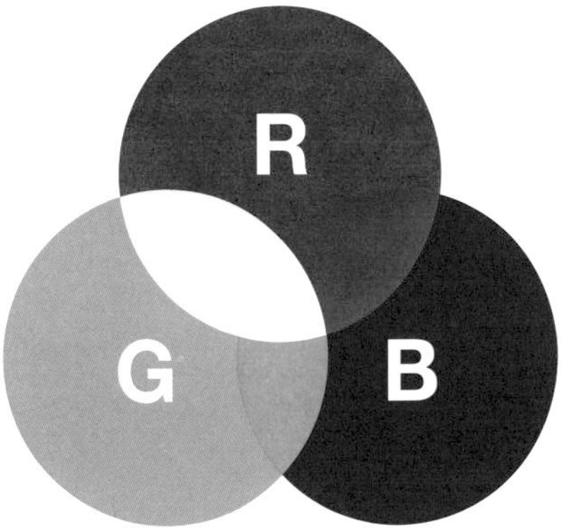

同人誌はどちらで入稿するのか

同人誌に限らず、紙の印刷物はRGBの色が出せないためすべてCMYKで入稿する必要があります。そのため、デザインははじめからCMYKでデザインするのがベスト。イラストはRGBで描き始めてもいいですが、そのまま入稿すると印刷時に色がくすんで見えるためCMYKに変換しましょう。

しかし、最近は印刷技術の向上により、RGBでの入稿を推奨する同人誌印刷所も増えています。RGBの色が完全に出るようになったわけではありませんが、CMYKの4色のみで近い色再現が可能になりました。印刷所によって印刷機が違うため発色の仕方に差はありますが、明るい色使いのイラストのときはRGB入稿がおすすめです。

8 入稿データのチェックポイント

同人誌は作品を書いて終わりではなく、書いたものを印刷所に入稿しないと本ができません。そのためには入稿するためのデータにする必要があります。印刷所からデータを戻されないよう、表紙、本文それぞれ完全なデータになっているか確認して入稿しましょう。

表紙データ

1.解像度、モード

表紙イラストの解像度は「350」、モードはCMYKにします。RGB入稿に対応している印刷所の場合、RGBにしてプロファイルを埋め込んで保存します。

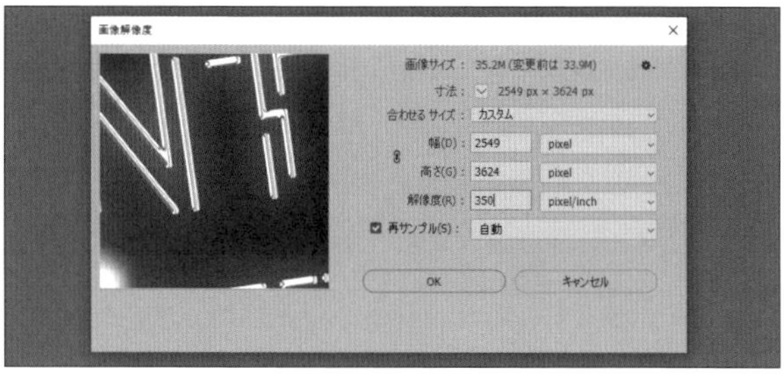

2.タチキリ

イラストはタチキリまで塗り足します。また、文字情報は仕上がり線の近くにせず、仕上がりサイズよりも5mm以上内側に配置します。大きいタイトルで意図的にはみ出す場合はOK。

3.背表紙を入れる

背幅はページ数や紙によって変化するため、必ず印刷所のサイトで確認しましょう。背幅が3mm以下の場合は製本でずれることがあるため文字は入れないようにします。

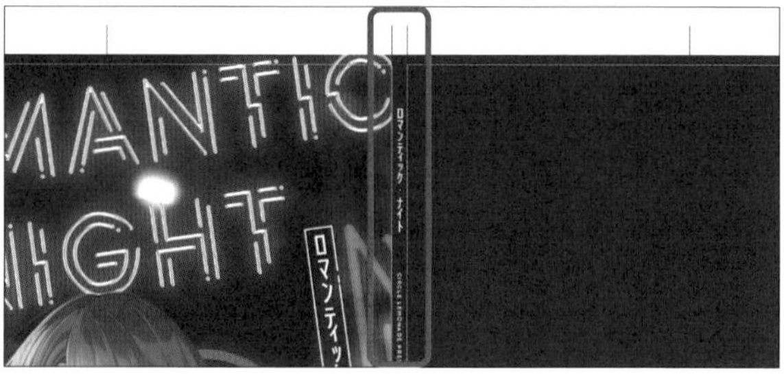

4.レイヤーの統合

レイヤー統合の前に、テキストがある場合は必ず「メニュー」→「レイヤー」→「ラスタライズ」→「すべてのレイヤー」でラスタライズをします。その後、レイヤーを統合します。Illustratorの場合はアウトラインをとります。

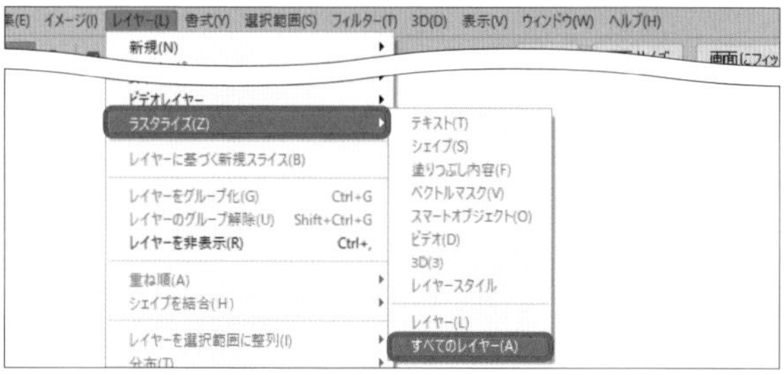

本文データ

1.解像度、モード

本文ページの解像度はグレースケールは600dpi、モノクロ二階調は600～1200dpiにします。また、RGBやCMYKになっていないかも確認します。

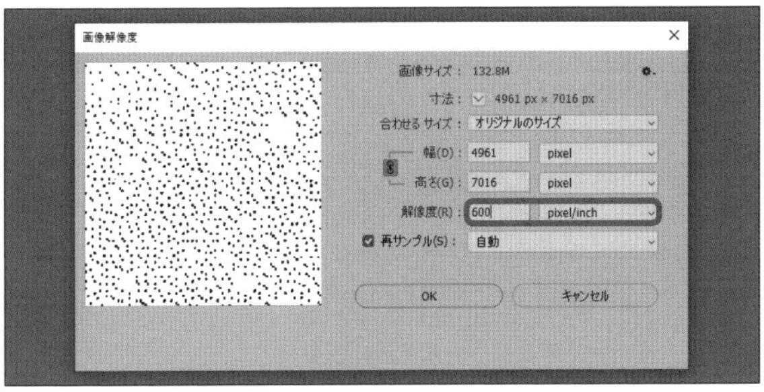

2.タチキリ

イラストはタチキリまで塗り足します。セリフや擬音などは仕上がり線の近くにせず、仕上がりサイズよりも5mm以上内側に配置します。

3.ノンブル

ノンブル（ページ番号）は全ページ必ず仕上がり線の内側に入れます。ノンブルを見せたくない場合はノド付近に配置します。数字がイラストの上にある場合は白フチなどをつけて読みやすくします。

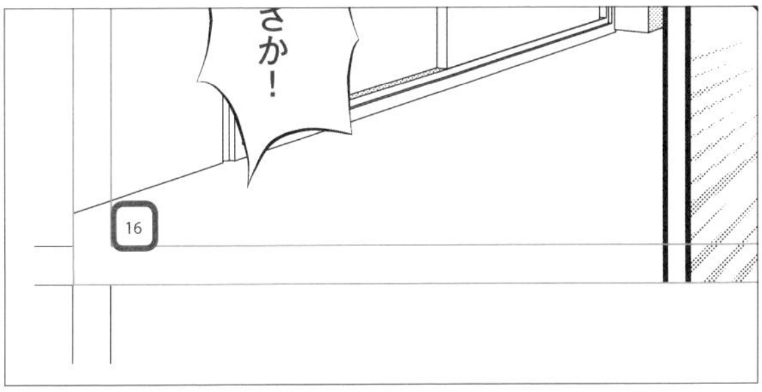

4.レイヤーの統合

レイヤー統合の前に、テキストがある場合は必ず「メニュー」→「レイヤー」→「ラスタライズ」→「すべてのレイヤー」でラスタライズをする。その後、レイヤーを統合します。

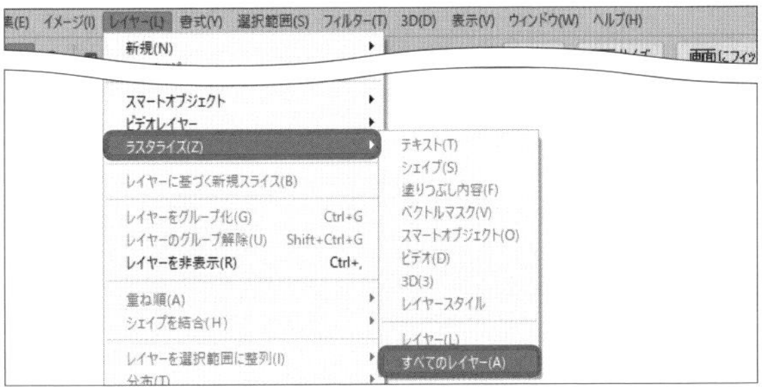

5.奥付

責任の所在をはっきりさせるため奥付を入れます。一般的に、本のタイトル、著者名のほか、サークル名、発行日、印刷会社名、連絡先（メールアドレス）はイベント主催者によって記載が義務付けられています。

ロマンティック・ナイト

LEMONADE ／レモネ井戸
2021 年 5 月 2 日発行

印刷　サーモン印刷株式会社
mail　info@*****.jp
twitter　https://twitter.com/*****

※この本の無断転載、転売などはご遠慮ください。

9 特殊紙の種類

同人誌のセット印刷は使用する紙が大体決まっていますがオプションで特殊紙に変更することも可能です。紙が変わると本の印象もがらっと変わるため、より強い印象を残すことができます。実際に見て触らないととわからないため、紙見本を印刷所から取り寄せてみましょう。

特殊紙の例

特殊紙にはナチュラルで素朴な味わいのものもあれば、シャープでスタイリッシュなもの、和風のものなど、さまざまな種類が用意されています。選び方もさまざまで、物語に合わせる場合もあれば、手触りや質感を重視する場合、目立つものを選ぶ場合もあります。ただし、紙によっては思ったような発色にならないこともあります。特殊紙を使う場合は、印刷の仕上がりまで踏まえて注意しながら選びましょう。

▲しこくてんれい

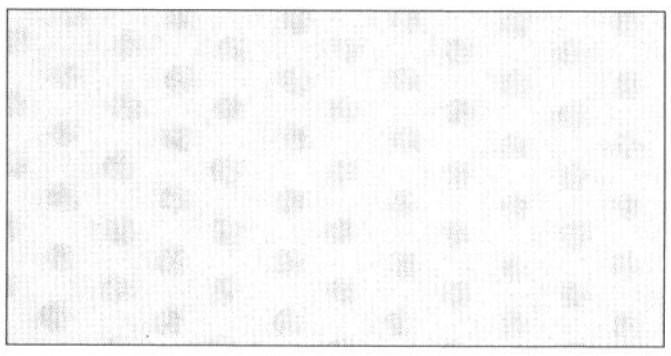
▲玉しき みずたま

▲メタルペーパー

▲こざと白雪

▲エスプリVエンボス

▲モダンクラフト

▲きらびき白

▲シャインフェイスシルバー

▲OKフェザーワルツ 雪

▲マーメイド スノーホワイト

▲OKミューズコットン

▲ヴァンヌーボ

第8章

特殊印刷についてまなぼう

1 箔押し

箔押しとは、熱と圧力によって金・銀・色箔の文字や絵柄を転写する特殊印刷で、別名ホットスタンプとも言います。メタリック感のある色や質感を表現することが可能で高級感が生まれます。アンソロジーや再録集など、いつもより特別な一冊にしたいときに使う方が多い加工です。

箔押しの種類

箔押しは金や銀だけでなく赤、青、白、黒などの色もあり、ラメのような輝きを持つホログラム、虹色に輝くレインボーなど非常に種類が豊富です。インクでは出せない色になるため目立たせることができ、デザインが苦手な方でも洗練された印象を与えることができます。ただし、印刷料金が高くなり、印刷する紙によっては箔が剥がれてくる可能性もある点には注意しましょう。

▲ラウンズシルバー

▲HK038 黒

▲金

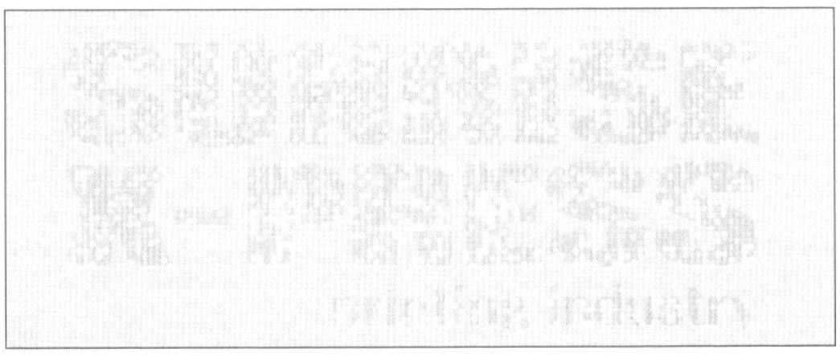
▲HK204透明

入稿時の注意

箔押しは箔の色にして入稿するのではなく、黒1色のデータにします。以下の点に注意して入稿しましょう。

・必ず別レイヤーか別のデータにする
・レイヤー名かデータ名は箔押しとわかる名前にする
・箔の部分は黒1色でデータを作成する
・箔の部分だけを白抜きせず塗りつぶす

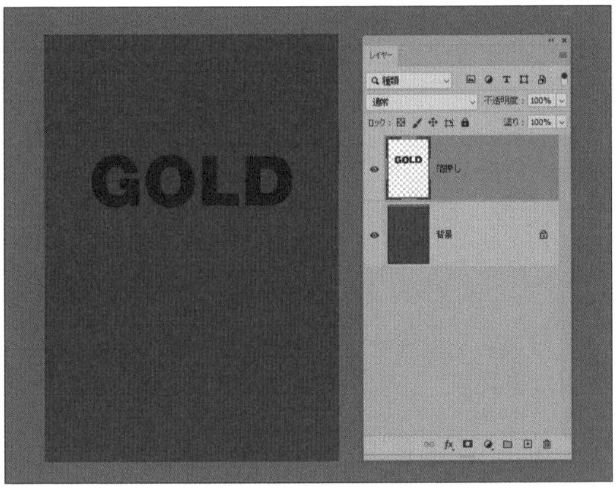

2 特色

特色とはCMYKで再現できない色を表現する単色インキのことです。特色を利用することで、印象を大きく変えられます。特色は番号で指定して利用することが一般的ですが、同人誌印刷の場合は蛍光ピンク、金、銀など色の名前で指定し、ある程度決まった色の中から選ぶことが多いです。

4色印刷と5色印刷の違い

左はCMYKで印刷したもの、右はCMYKに特色（蛍光ピンク）を入れたものです。特色を利用したものは人物の肌ツヤがよくなり、その他の色も全体的に鮮やかになります。

このように、特色を使う場合、CMYKとかけあわせることによって色の変化も楽しめます。たとえば蛍光ピンクに水色を足すと蛍光の薄紫になり、黄色を足すと蛍光オレンジになります。ただし、蛍光の色見本がないと思うような色を出すのが難しいため、できるだけ色校を出して確認しましょう。色校を出す余裕がないときはかけあわせはしないほうが無難です。

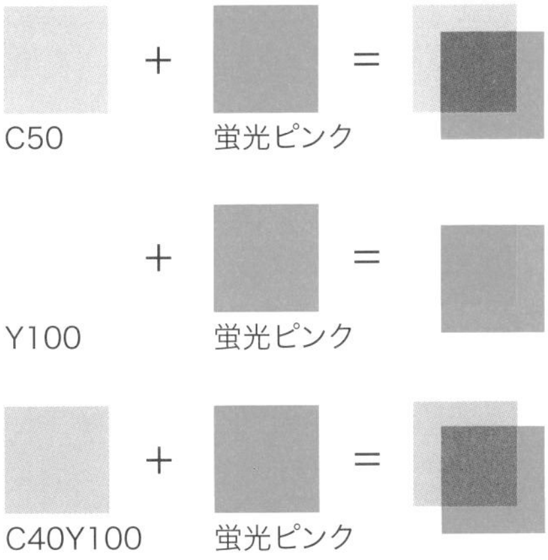

特色を使って入稿する

特色を使ったデータを作るときは箔押し（178ページ）と同じく、特色にしたい部分を黒1色の別レイヤーにして、特色とわかる名前をつけて入稿します。なお、特色の色味はデータ上で細かく指定できません。たとえば、上記のイラストに特色の蛍光ピンクを入れる場合、肌には少しだけ、服には濃い目で……といった指定はできません。ですので、「人物の肌に特色の蛍光ピンクを入れてください」というように文言での指示を入れて、印刷所のオペレーターの方に意図に応じた調整をしてもらいます。

3 PP加工（グロスマット）

PP（ポリプロピレン）加工とはポリプロピレンのフィルムに接着剤を塗布し、紙と圧着して貼り合わせる加工です。印刷面の傷や色移りを防ぐための加工ですが、光沢感が出るためイラストがぐっと映えてきます。同人誌に使われるPP加工は主にグロスPPとマットPPの二種類になります。

グロスPP加工

グロスPPはツヤと光沢のある加工です。光沢のある仕上がりになるほか、イラストの色味が鮮やかになり、加工前に比べてはっきりと濃く見えます。また、フィルムを貼る加工により表面が平滑になり、つるつるとした手触りになります。イベントのスペースで目立たせたいときや明るい印象にしたいときはグロスPPがおすすめです。

マットPP加工

マットPP加工は光沢を抑え、反射しないツヤ消し加工です。さらさらと手触りが良く、柔らかい質感になります。グロスPPほど目立ちませんが、色がくすんだりすることがなく、落ち着いた高級感があります。高級感や上品さを出したいときや、シリアスな内容のときにはマットPPがおすすめです。

4 エンボス加工／トムソン加工／角丸加工

エンボス加工、トムソン加工、角丸加工は主に表1の紙に加工を加えます。エンボス加工とトムソン加工は自由な形を指定できるため、何かモチーフやテーマがあるときに使うと最適です。角丸加工はそこまで費用が高くないため、少し変化が欲しいときに使いやすい加工です。

エンボス加工

金属版と樹脂版で紙を挟むことによって凹凸を生み出す加工です。浮き出し加工とも呼ばれています。紙より上に出すときはエンボス加工といい、下に凹ますときはデボス加工といいます。箔押しと組み合わせることも可能で、箔を浮き出しているように見せられます。料金は高めですが、触っただけで高級感が伝わってくる豪華な仕上がりになります。

トムソン加工

刃を埋め込んだ木型（トムソン型）を用いて、材料をプレスして打ち抜く加工のことです。一部分をくりぬいたりカットすることができます。本の表紙から口絵や遊び紙を見せることができるため、表紙をめくった部分と合わせて利用すると遊び心のある一冊になります。

角丸加工

紙の角部分を取って丸くする加工のことです。角を丸くすることによって柔らかさやかわいい印象を出すことができます。同人誌だけでなく名刺やマウスパッドにも加工は可能です。印刷所によっては角丸の半径を選ぶことも可能。本の角を斜めにカットする角切り加工もあります。

MEMO 袋印刷

同人誌やグッズをまとめられる袋は定番の同人グッズの一つです。紙袋、不織布バッグ、ポリ袋、ポーチなど袋の種類は多種多様。男性向けはイベントで目立つキャラクターの描かれた大きいサイズの紙袋が多く、女性向けは普段遣いできるイラスト控えめのデザインが多い傾向にあります。イラストを本やポスターのように見せたいときは紙素材の袋、普段遣いにしたいときはコットンや不織布などに多色刷りするのがおすすめ。

5 表2・表3印刷／遊び紙

表2・表3印刷と遊び紙は表紙を開くと見える加工です。表紙の内側は本の外観には直接影響しないためパッと見でアピールしにくい箇所ですが、表紙をめくった瞬間にインパクトを与えたり内容を想像させたりと、本文への興味につなげたいときに使うと効果的です。

表2・表3印刷

表1、表4の裏面の表2、表3に印刷をするオプションです。絵やロゴや奥付を入れてもいいですし、全面に色ベタを引くだけでもかっこいい雰囲気になります。主にドットやチェックなどのシンプルな柄がよく使われます。作品の邪魔をせず、それでいて本を引き立てることができます。

遊び紙

表紙や裏表紙をめくった巻頭や巻末に挟む紙のことです。遊び紙自体に印刷はしないためオプションとして追加しても締切が早くなることはなく気軽に楽しめます。本に高級感が出るほか、表紙には使わないような紙を使うことで作品の雰囲気を表現することもできます。ただ気に入った紙を使うのではなく、作品とつながるような紙（推しのイメージカラーの紙、アイドルものだからキラキラした紙など）を使うと本に統一感が出て、全体的なクオリティが上がります。

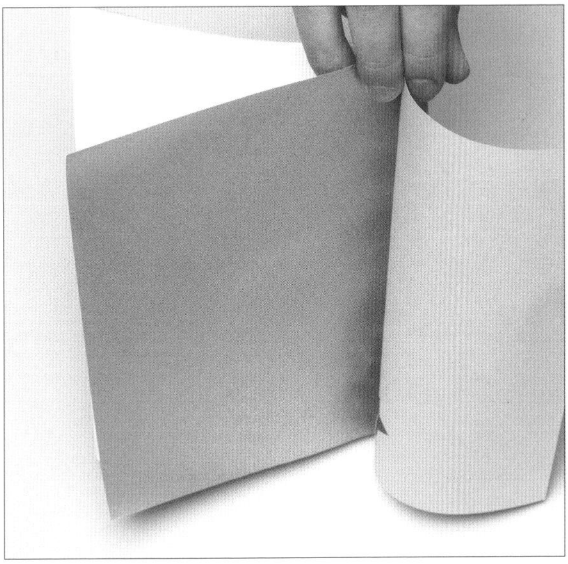

印刷所から見た同人誌のデザイン ～サンライズ・中村代表インタビュー

本書の制作にあたっては同人誌印刷所のサンライズパブリケーション株式会社さんにご協力いただきました。さらに、代表の中村かおりさんにはインタビューにもお答えいただいています。印刷所視点での本づくり、アドバイス、最近人気の特殊印刷、そして同人誌に対する思いを伝えてもらいました。

MEMO

サンライズパブリケーション株式会社

同人誌・アクリルキーホルダーの印刷など初心者からプロフェッショナルまで、多くの方にご満足いただける印刷商品を届けている。フルカラー印刷は独自のノウハウでカラーイラストを色鮮やかに再現。

・Webサイト
https://www.sunrisep.co.jp/（オフセット印刷）
https://www.sunrise-os.com/（オンデマンド印刷）

1. まずはサンライズさんがどんな印刷所なのか教えてください

企業などからの印刷も受けていますが、95％以上は同人誌を印刷している印刷所です。工場は大阪の本社ですが、東京にも支店があり、受付業務を行っています。オフセット、オンデマンド、グッズなど幅広く多品目に対応しており、「総合力No.1の同人誌印刷所」をキャッチコピーに掲げています。

2.最近の人気の特殊印刷は何でしょうか？

オンデマンド印刷で蛍光ピンクを補色として印刷する5色印刷です。以前から肌色をきれいに出したい、彩度の高い鮮やかな色を出したいという希望が常にありました。ですが、オンデマンドだと4色のトナーで印刷をするので、明るい色を作れませんでした。それがようやくオンデマンド印刷でもご要望に応えられるようになりました。オンデマンド印刷では、色味は機械がある程度自動で版を分けてくれるのですが、サンライズの場合さらにオペレーターが最適な色味を調整して、クオリティを保証しています。オフセット印刷では、独自に開発した彩度の高いマゼンタインクを利用したVモードという商品を展開していて、一定の評価をいただいています。

▲オンデマンド4色+蛍光ピンクにPP加工をしたもの

3.おすすめの特殊印刷を教えてください

前述したオンデマンド印刷の5色カラー、オフセット印刷のVモードが一押しです。鮮やかなインクで目を引くデザインができますのでとてもおすすめです。それと、サンライズでは同人誌の印刷製本はもちろんのこと、グッズ製作も自社製造のものが多いです。そこで、最近は印刷物とグッズをいっしょに抱き合わせしてパッケージにした「同梱ボックス」というのを始めました。この商品はこれまでバラで納品していた本とグッズを箱にひとまとめにして、シュリンク包装できるようにしたものです。それによって通販などでもグッズと本をパッケージにして発注できるようになりました。

WHITE＆BLACKという白黒印刷もおすすめです。これはオンデマンド印刷の商品で、白と黒2色のトナーで印刷したものです。色つき用紙とホワイトトナーのコンビネーションがとてもおしゃれで好評を得ています。

こうした企画商品をサンライズでは定期的にいろいろ出しています。たとえば、バレンタインに合わせた「愛しのベリー×チョコ大作戦」では、ストロベリーとチョコレートをイメージした色の紙とインクをメインとした商品で、甘くてかわいいお菓子のような雰囲気の本が作れます。夏場にはかき氷をテーマにした「カラフルかき氷ひんやり大作戦」という蛍光色メインのセット商品を提供しています。

▲WHITE＆BLACK

▲同梱ボックス

4.グッズ印刷にはどういったものがあるのでしょうか？

グッズ印刷でいちばん人気なのはやっぱりアクリルキーホルダーです。アクリルは大きさも決められ、いろんな加工ができる素材です。最近では8mm厚など従来より分厚いアクリル板も扱うようになってきています。キーホルダーだけではなく、バッジやスタンドやパスケースなど、さまざまなグッズをアクリルで作れます。
ほかには、メモ帳、リング綴じの卓上カレンダー、シール、紙から加工を出していく缶バッチなども扱っています。元々オフセットの印刷会社で紙をベースにしたグッズを作っているため、こうした紙から作り出すものは得意なジャンルですね。メモ帳は20年くらい作っていますが、いつ出しても人気の定番アイテムです。卓上カレンダーもシーズンには多くご利用いただいています。

▲アクリルキーホルダー

5.男性向けと女性向けでデザインや装丁の違いはありますか？

男性はどちらかというと表紙がカラーで中身は白黒のシンプルな本が多いです。サイズはB5が多く、あとは漫画の方が圧倒的です。女性向けの本では色のついた紙に印刷したり、キラキラした紙を使ったり、色インクで2～3色の多色刷りをしたりするのが好まれています。箔押しやトムソン加工を好むのも女性が多いです。それと、女性は絶対的に「かわいい」というキーワードが好き。サイズはA5サイズが主流で、小説書きの作家様も多めです。なお、弊社の利用者は男性が3割、女性が7割で女性が多めです。男女比は印刷会社によって差があり、どちらかに偏った印刷会社も多いです。客層は商品構成によって変わってきます。

6.こうしたら造本やデザインがよくなるというアドバイスが欲しいです

いろいろな作品を見てほしいです。一般の本屋さんでいろんな本のデザインを見る。使っている紙の種類を見る。見ることによっていろんなことに対する興味も出てくる。向上心も湧いてくる。ヒントは世の中にたくさんあると思います。
あとは、今は同人誌イベントに行きずらい時期ですが（※）、ぜひイベント会場に足を運んでいただければと思います。イベントは同人誌を一度にたくさん見る機会に恵まれます。好きなサークルさんの本を見て、自分もこういう本をつくりたいという気持ちになるのが大事だと思います。今は通販を利用されている方も多くなりましたし、たしかに家にいながら本が手に入るのは便利です。ですが、会場に行くと思いがけない作品との出会いがあったり、家にいたら見つからなかったものが見つけられたりします。ぶらぶら歩いて面白いものを見つけることがしづらくなってしまったのは残念ですね。

あとは、サンライズではピンクの紙に印刷したらこうなる……といったサンプルセット(印刷見本)をよくお配りしていますが、これはよくできているので、是非使ってみてください。こういうものをたくさん見ることで、こういう配色にしたらこういう風な作品ができあがるという想像ができ、どんどん力がついてくるんじゃないかと思います。サンプルをご覧になって自分で原稿を作って試してみる。それを繰り返していくことで力が付いていきます。

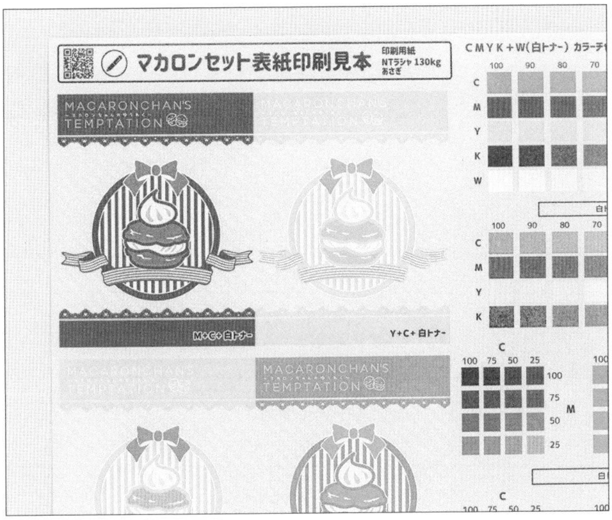

▲印刷サンプル

7.今後同人誌の印刷はどうなっていくでしょうか？

日々いろんな技術が進化しています。それにともない、お客様に提供できる品物の種類も、昔では難しいと思われていたものがどんどん簡単に取り入れるようになっていきそうです。
たとえば、最近導入したオンデマンドの印刷機は蛍光ピンクやホワイトトナーが使えます。また、プリンターのような形の箔押し機も出てきていますが、箔押しの型を作る必要がないので、コストも削減されますし、箔押し作業に早く取りかかれるため納品の時間も変わります。

8.最後に印刷所から同人作家へメッセージをお願いします

今の時期に限って言うと、なかなかイベントもままならないですが、原稿を描くことをやめないでほしいというのが一番。やはり作品を作る手を止めないでほしいです。私は同人誌の業界にに30年以上いますが、創作活動って凄く高尚で楽しい趣味だと思うんですね。この文化をやはり次世代に伝えていくべく私たち印刷会社も同人活動の楽しさを継続的にお客様に伝えていきたいです。先人が作ってこられたこの業界や文化を楽しみながら受け継いでほしいです。

※インタビューが行われた2020年10月当時、新型コロナウイルス感染症対策のため、人が密集する場所への移動自粛要請がなされていた。また、イベント自体も中止・延期や規模を縮小しての開催を余儀なくされていた。

INDEX

英数字

- 5色印刷 185
- Adobe Color 120
- A判 170
- Blackletter 17
- B判 170
- Cinzel 99
- CMYK 28, 173, 174, 175
- Coolers 120
- DIN 2014 39, 89
- dpi 172
- Font Book 39
- Font Squirrel 22
- Google Fonts 22
- Hansa Gotisch 84
- HDRトーン 107
- HK038 黒 178
- HK204 透明 178
- Illustrator
  - 概要 12
  - 入稿 174
  - ベクターデータ化 81
  - ぼかしを入れる 73
- InDesign 125, 137
- kawaii手書き文字 17, 137
- Lato 159
- LETS 13
- mojimo 13
- MS明朝 142
- NexusFont 39
- NIPPON COLORS 120
- Nunito 17
- O-DAN 106
- OKフェザーワルツ 雪 176
- OKミューズコットン 176
- Photoshop
  - 概要 12
  - 文字詰め 19
- PO.SU.TA. 150
- Potra 17, 93
- PP加工 180
- Prince of Java 17
- RGB 173, 174, 175
- TATEdior 125
- Trajan 51
- Web 146, 172
- Word 125
- Writer 125

あ行

- 赤のアリス 84
- アクリルキーホルダー 186
- 遊び紙 183
- アピアランスパネル 73
- 一太郎 125
- 色
  - 色数を減らす 74
  - おいしそうに見せる 112
  - 統一 28, 32
- 色補正 115
- 印刷
  - 概要 166
  - スケジュール 168
  - 費用 168
  - 見積もり 168
  - 予約 168
- 印刷所
  - インタビュー 184
  - 選び方 169
  - 概要 166
- 印刷見本 187
- ヴァンヌーボ 176
- 内枠線 171
- エスプリVエンボス 176
- エフェクト 90
- エンボス加工 181
- 奥付 175
- お札 60
- お品書き 144
- 帯 160
- オフセット印刷 167, 185
- オレンジ工房 169
- オンデマンド印刷 167

か行

- 解像度 172, 174, 175
- ガイド 130, 146
- 角度 47
- 角丸加工 182
- 貨幣 60
- カラーピッカー 31
- からかぜ 17
- ガンマ 106
- キャッチコピー 110
- きらびき白 176
- キルゴU 17
- 金 178
- 近似色の選択 65
- 串刺し 60
- グッズ 186
- 首切り 60
- グラデーション 51, 70
- グラデーションツール 73, 129
- グリッド 118, 130
- グレースケール 172
- グロスPP加工 180
- 蛍光ピンク 179, 185
- 源ノ角ゴシック 159
- 源ノ明朝 142
- コーナートンボ 171
- コーポレート明朝 85
- 小口 124
- こざと白書 176
- ゴシックMB101 39
- 小塚明朝 142
- コメット 39

さ行

- 彩度 106
- 作業用パスを作成 81
- サングループ 169
- サンセリフ体 51
- サンライズパブリケーション 184
- 仕上がり線 171
- 色相・彩度 35, 43, 93
- 色相の統一 35
- しこくてんれい 176
- 自然な彩度 106
- しっぽり明朝 17, 142
- シャインフェイスシルバー 176
- 写真
  - イラスト風 104
  - 大きさを変える 136
  - 撮影 114
  - 雑誌風 115
  - 余白を作る 138
- 定規 133
- 小説本 42, 96, 122, 126
- 商標 60
- シンボルマーク 154
- 図形 100
- スチレンボード 114
- スペースナンバー 150
- 赤十字マーク 60
- 背表紙 174
- セリフ体 51

センター揃え 50, 159
センタートンボ 171
選択範囲の変更 73
宣伝 164
ソフトライト 107

た・な行

タイトル
- 動きをつける 44
- 英文表記 62
- 小説 128
- ロゴ 20

タチキリ 171, 174, 175
玉しき みずたま 176
段間 124
地 124
筑紫Aオールド明朝 142
筑紫Cオールド明朝 163
手書き 80
デザイン
- 考え方 14
- 必要な道具 12

天 124
特殊紙 176
特色 179
扉 129
トムソン加工 181
トンボ 171
入稿
- スケジュール 168
- データ 174
- 特色 179
- 箔押し 178

ノド 124
ノンブル 124, 175

は行

パーツ
- ガーリー 66
- 配置 53
- 素材 56

背景 56
背景色 51
配色 120
ハイパス 107
箔押し 178
パソコン 12
パターンオーバーレイ 103
パターンを定義 59
バナナスリップplus 155
早割 169
パルレトロン 84
叛逆明朝 84
はんなり明朝 17
表1 111
表2・表3印刷 183
表4 110, 111
ヒラギノ明朝 142
プイッコ 17
フィルターギャラリー 81, 107
フォント
- 選ぶ 36
- 概要 13
- ゴシック風 84
- 有名なフォント 16
- ランダムに置く 96

フォント管理ソフト 39
フォントダス 22
袋印刷 182
フリーフォント
- 概要 16
- サイト 21

フルカラー 172
フレーム 54, 85
フロップデザイン 22
文章作成ソフト 125
ベタ塗り 76
ホープツーワン 169
ぽーら 17
ぼかし 52, 70
ぼかし（ガウス） 55, 73
ポスター 148, 172
ポスタースタンド 150
ポプルス 169
本文の項目 108

ま行

マーメイド スノーホワイト 176
マットPP加工 180
まるがめ本丸ゴシックmini 17
見出し 126
明朝体 142
名刺
- 紙 158
- デザイン 156

メタルペーパー 176
文字
- 大きく見せる 24
- 雑誌風 115
- 装飾 82
- 配置 40
- ループ 86

文字詰め 18, 118
文字パネル 103
モダンクラフト 176
モノクロ二階調 172
モリサワパスポート 13

や・ら・わ行

游明朝 142
有料フォント 16
用紙サイズ 170
用紙見本 13
余白
- 表紙 48
- 文章 122
- 名刺 156

ラウンズシルバー 178
ラスタライズ 65, 85, 174, 175
ラフ 15
ランチョンマット 114
リュウミン 142
ループ 86
レイアウト 134
レイヤー効果 92
レイヤースタイル 69, 81
レイヤーの統合 174, 175
レベル補正 115
ロゴ
- 企業・商品 60
- ゴシック風 82
- サークル 152
- 作成 20
- 手書き文字 78
- 文字詰め 19

露光量 106
ロゴタイプ 154
ロゴマーク 154
枠 52
割増 169

イラストレータープロフィール

くろでこ（カバー、2-1）

■略歴
『ガリ勉地味萌え令嬢は、俺様王子などお呼びでない』（TOブックス）、『わたしはふたつめの人生をあるく！』（SQEXノベル）、『そして誰もいなくなった』（ハヤカワ・ジュニア・ブックス）、『晴明さん家の不憫な大家』（アルファポリス文庫）、『あやかし友人日記 巡る四季のたぬ奇譚』（メディアワークス文庫）など、主に小説の挿絵などを中心に活動しております。

■ Web サイト
-
■ pixiv
https://www.pixiv.net/users/1426321
■ Twitter ID
@ymtm28

野いちご＋しょこら（1-2、2-8）

■略歴
萌えキャラ、ミニキャラなどをメインに活動中。「もえくとカンパニー（もえパニ）」の深山みさき・胡桃沢タマラのキャラクターデザイン、悠桜いずみ（ゆらみん）の公式イラストレーター、「一心寺三十三観音プロジェクト」の甘廻観音のキャラクターデザインなどを担当。

■ Web サイト
https://www.itigomanma.com/
■ pixiv
-
■ Twitter ID
-

中村たいやき（2-2、3-2）

■略歴
百合に出会い心酔。近親百合を中心に活動している百合漫画家。
代表作に『1×1/2-イチトニブンノイチ-』『ゆるおやこ』など。

■ Web サイト
-
■ pixiv
https://www.pixiv.net/users/2239312
■ Twitter ID
@tiyk66

野田のあ（2-3、3-4、6-1）

■略歴
ニッチなジャンルを渡り歩きながら同人活動歴は15年ほど。
現在もマイペースに活動中。

■ Web サイト
-
■ pixiv
-
■ Twitter ID
@noa_noda

青鹿ユウ（2-4、2-6）

■略歴
創作からエッセイまで、同人、商業ともに幅広く活動しております。
主な作品に『今日から第二の患者さん』（小学館）、『マンガでわかる！子どものアトピー性皮膚炎のケア』（内外出版社）。

■ Web サイト
http://aoshikayu.com/
■ pixiv
https://www.pixiv.net/users/2282639
■ Twitter ID
@buruban

真魚刀歌（2-5）

■略歴
漫画家・イラストレーター
別ペンネームで商業誌で活動。趣味の範囲では好きなゲームや漫画のファンアート活動をしています。好きなゲームは「ペルソナ」シリーズ、『DARK SOULS』、『刀剣乱舞-ONLINE-』など。

■ Web サイト
-
■ pixiv
https://www.pixiv.net/users/2145141
■ Twitter ID
@mao_lov

bov（2-7、3-5）

■略歴
BL漫画『性癖ヤバめなオトコに狙われました。』連載中です。
ほか、不定期に読み切り漫画なども描いています。

■ Webサイト
-
■ pixiv
-
■ Twitter ID
@006_zerozerosix

ぽっち（2-9、6-4）

■略歴
創作BLで同人活動中。
ダウンロード販売やFANBOXで作品発表してます。

■ Webサイト
https://pocchipocchi.fanbox.cc/
■ pixiv
https://www.pixiv.net/users/1631226
■ Twitter ID
@pocchipocchi_

樹優衣（3-1、3-6）

■略歴
個人サークル「Honey citron」にて活動中。コミケなどの同人イベントにも参加しています。ソーシャルゲーム、雑誌、アンソロジーのイラストなどの商業作品でも活動。

■ Webサイト
https://honeycitronxx.mystrikingly.com/
■ pixiv
https://www.pixiv.net/users/8077210
■ Twitter ID
@kiyui_

夏生一（3-3）

■略歴
人妻専門エロ漫画家&イラストレーター。ゲームのキャラクターデザインやアダルトCG集のイラスト制作も手掛けている。『Web配信 月刊 隣の気になる奥さん』での執筆のほか、『断れない女』、『アンタの思い通りにはさせないんだから…っ！』、『戦国花札合戦』、『時空覇王伝』などでイラスト制作を担当。

■ Webサイト
https://saijo-m.com/
■ pixiv
https://www.pixiv.net/users/2890058
■ Twitter ID
@93tmnatsuki

モト（3-7、3-8）

■略歴
主な作品に『あいつら、絶対ヤったでしょ』（単行本名：『初恋ゴシップ』）。

■ Webサイト
-
■ pixiv
-
■ Twitter ID
@kirimoto_t

ミズアコ（6-2）

■略歴
グラフィックデザイナーとして活動する傍ら、百合・少女漫画・BL等のイラストレーションや漫画をWebを中心に発表。同人誌・サークルロゴ・ポスターなどのデザインも手がける。趣味は植物の写真を撮ること、アコースティックギターを弾くこと。

■ Webサイト
https://mizuako.tumblr.com/
■ pixiv
-
■ Twitter ID
@mizuako_d

■著者略歴

齋藤渉（chipco design）
フリーのグラフィックデザイナー。漫画装丁、CDパッケージ、ゲーム・アニメのロゴ、宣伝美術など、商業作品のデザインを手がけるかたわら、デザインについての同人誌を定期的に刊行している。
Webサイト：https://chipco.jp/
Twitter ID：@chipcodesign

■カバーデザイン
齋藤渉（chipco design）

■本文デザイン・DTP
リンクアップ

■撮影
蝦名悟

■資料提供
サンライズズパブリケーション株式会社

■編集
石井智洋

■お問い合わせについて

本書の内容に関するご質問は、下記の宛先までFAXまたは書面にてお送りいただくか、弊社Webサイトの質問フォームよりお送りください。お電話によるご質問、および本書に記載されている内容以外のご質問には、一切お答えできません。あらかじめご了承ください。

〒162-0846 東京都新宿区市谷左内町21-13
株式会社　技術評論社　書籍編集部「魅せる！同人誌のデザイン講座」質問係
FAX：03-3513-6183
技術評論社Web サイト：https://gihyo.jp/book/

なお、ご質問の際に記載いただいた個人情報は質問の返答以外の目的には使用いたしません。また、質問の返答後は速やかに削除させていただきます。

魅《み》せる！同《どう》人《じん》誌《し》のデザイン講《こう》座《ざ》
――Before《びふぉー》-After《あふたー》でわかる試《ため》したくなるアイデア &《あんど》 テクニック

2021年4月28日　初版　第1刷発行
2021年5月12日　初版　第2刷発行

著者……………齋藤渉《さいとうわたる》（chipco design）
発行者…………片岡　巌
発行所…………株式会社　技術評論社
　　　　　　　東京都新宿区市谷左内町21-13
電話……………03-3513-6150　販売促進部
　　　　　　　03-3513-6166　書籍編集部
製本／印刷……図書印刷株式会社

ISBN 978-4-297-11932-4 C3055
Printed in Japan